U0112634

大脑喜欢听你这样说

Stop Talking,
Start Influencing

**利用12个
认知原理
决定别人记住什么**

［澳］
杰瑞德·库尼·霍瓦斯
Jared Cooney Horvath
著

袁婧 译

中国友谊出版公司

献给巴勃，感谢你在本书撰写过程中给予我的爱与支持。

目　录

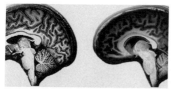

图 1　两幅马的简笔画

引　言

其实我们每个人都是老师。

如果你曾带着同事或客户参观过新项目，或向他们介绍过新流程，你就是老师。

如果你曾指导新手如何挥动高尔夫球杆、击打棒球或踢足球，你就是老师。

如果你曾站在听众面前提出新想法或新概念，你就是老师。

如果你有子女……不用多说了。

但问题在于，尽管我们中许多人每天都要花时间将知识传递给其他人，但很少有人接受过关于如何更好地传播知识，使他人能够更好地理解、记忆和应用它们的教育。简单说，没人教过我们该怎么教别人。为了解决这个问题，不少人求助于提供了很多让教学更有效的方法和技巧的书籍（类似本书）。看起来，我们如果遵循这些指导，本该像大师一样激励和影响周围的人才对。

不幸的是，这些指南基本起不到任何作用。如果想理解其中的原因，请看图1。

这两匹马中的一匹是伟大的西班牙艺术家巴勃罗·毕加

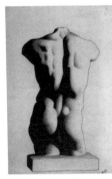

人体素描
12 岁

肖像
15 岁

表现主义
22 岁

立体主义
33 岁

新古典主义
42 岁

超现实主义
64 岁

图 2 毕加索的多种风格

索（Pablo Picasso）的作品，而另一幅是我 6 岁的侄女画的。尽管两幅画都很简单，但你应该能轻松看出哪幅是谁画的。为什么呢？

虽然毕加索最为人熟知的是运用大色块、孩子气的艺术风格，但许多人并不知道他的绘画基本功已经达到炉火纯青的地步。实际上，在他的一生中，他研习过、精通并能熟练运用几乎所有的艺术风格（图 2）。

在画下面那匹马的时候，我侄女的理解是相对肤浅的：她的每条线都是平直的，因此你很容易看出她不具备什么技巧。然而毕加索在画上面那匹马的时候，每一笔都出于对马的形体的深刻、细致的认识：每条曲线都体现了选择、理解和目的性，而这一切都掩盖在表面的简单之下。

所以关于"如何做"的指南很少有效。这些建议和技巧在某些情况下可能有用，但如果我们对人类学习和记忆的机制缺乏更深入的理解，就只能盲目遵从这些指引，不知道它们有效或无效的原因。所以，我们努力的表现更接近我侄女画马：停留在模仿表面的简单层次，没有能力对技巧进行改善、调整或个性化，使其适应不断发展变化的情况。

我经常用烹饪打比方。如果我给你一份步骤详细的烤蛋糕食谱，我想你很容易按照说明去做。打 3 个鸡蛋，倒入一些黄油，加入全脂牛奶，加入面粉搅拌……相当简单。但如果你没有鸡蛋怎么办？对牛奶过敏怎么办？如果你不理解每种原料的用途和它们的相互作用，就容易偏离正轨，不知道怎样改进和调整食谱才能让它适应你个人的下厨条件、独特口味或特殊需求。

如果想要教学有效，就必须超越照搬食谱的层次，挖掘每种食谱背后的原理。换句话说，我们必须成为教学界的毕加索。

这就是本书的写作目的。通过展示关于大脑的研究成果，深入剖析心理学现象，进行有趣的实验，我将向你展示关于人类如何思考、学习和记忆的 12 个核心概念。我的目标不是帮助你简单地应用这些概念，而是让你深入理解它们，以确保无论你置身于何种情况和环境中，你传递的信息都能被对象理解，你讲的话能被对象听进去，你能对他们产生切实的影响。

在我们开始之前，你需要知道两件事：

首先，我们接下来讨论的概念是学习的基础，严格来说，是由大量对大脑和行为的研究支持的。这意味着当我说"研究"的时候，我并不是在含糊地介绍 20 世纪 70 年代在西伯利亚荒野上对老鼠进行的某项研究，我指的是经过数十年的科学论证后得到充分阐述、可重复操作的研究。出于这个原因，我并不希望你无条件接受我的论述。在本书的第311 页，你会发现一份丰富的在线参考文献链接，你可以根据需要，对任何主题进行深入探索。

其次，我每次给一个班、小组或整个团队授课时，都坚持一个人生信条：如果我不能让学生对我们讨论的概念有切身的体验，就说明我自己还没有真正理解它。在本书中，我也在尽量践行这一信条。鉴于此，你会注意到，某些时候我采用了前后不统一的格式和风格。虽然这有时可能让你感到困惑，但我向你保证，这些都是为了非常明确的学习目的而设计的。我使用某些图片、措辞或游戏的用意一开始可能不明确，但我保证到书结尾时，你会看明白的。

现在，如果你厌倦了在同事和客户面前说重复的话，甚至已经达到反胃的地步；如果你厌倦了没完没了地训练运动员和学生，却看不到他们的任何进步；如果你厌倦了倾注心血准备演讲，却看不到你的话对听众产生持久的影响……这本书就是适合你的。

是时候停止无效讲话，利用认知科学原理影响他人了。

第一章

文本 + 演讲

对比

图 3　酒吧和会议室

阅读是一种无声的对话。

——英国散文家查尔斯·兰姆（Charles Lamb）

想象一下，现在是周五晚上。你和朋友挤在一个喧闹的酒吧里，喝着溢价颇高的精酿啤酒，被一群大声谈论着这周见闻的人围绕着。从听觉上讲，环境相当嘈杂——然而，虽然房间里充斥着各种噪声，你们还是能够保持专注，交谈下去。是的，你可能必须大喊才能压过周围那些声音，但你们能轻易地领会对方的想法。

想象一下，现在是周三下午。你和同事们围坐在一张大会议桌旁，微微摇晃着各自的人体工程学椅子。在会议室前面，有人站在一张布满标题、要点和参考信息的幻灯片前做演示。毫无疑问，演示者的知识渊博、态度认真，但你尽最大努力也没法集中精神，把其中任何一点听进去。

从表面上看，这两个场景完全不同。但如果我告诉你，在喧闹的酒吧里仍能连贯地交谈和无法记住幻灯片上的多少信息，二者背后的原因其实是同一个呢？为了理解这两个场景之间的关系（图3），你要做的就是把注意力转移到此时此刻正在进行的活动——阅读上。

阅读的秘史

我们通常认为,阅读是一种基本上无声的活动。除了偶尔会听到低沉的咳嗽或令人尴尬的笑声之外,图书馆一般来说并不是喧闹的活动场所。

出于这个原因,当我告诉你无声阅读并不是历史上的习惯做法时,你可能会感到吃惊。事实上,直到 7 世纪末,大声朗读都是非常普遍的。古代的图书馆并不是一座安静、祥和的天堂,而是个吵闹的地方。就算是独自阅读的人,嘴里也会念念有词。无声阅读这件事在过去非常罕见,甚至值得古罗马时期的思想家圣奥古斯丁(Saint Augustine)在他极有影响力的《忏悔录》(*Confessions*)中提及:"安布罗斯(Ambrose)读书时用眼睛扫过一行行文字,在心中寻找其中的意义,而嗓子和舌头都在休息。很多时候……我看到他默默地阅读着,几乎从不出声。我问自己,他为什么这样阅读?"

大声朗读是由古代文本的书写方式决定的更具体地说古代文本没有空格字与字之间没有标点符号也没有大写字母事实上如果你去你那的图书馆或博物馆就能看到很多以这种风格写成的古希腊和拉丁语文献

这种写作形式被称为"连写字"（scriptura continua）。它表明，阅读基本是一种口头活动。用来朗读的文本还需要空格、标点符号或大写字母吗？你如果想明白我的意思，只需回头去大声朗读上面的那段话。你会发现你不需要做任何努力，语言中的很多重要成分（如节奏、音调和说话者的意图）就会自然地在你的朗读中显现。

你如果觉得"阅读是一种口头活动"这个概念有些古怪或过时，只要环顾四周，就会发现这种做法一直延续至今，在现代文明中早已无处不在。在大学里，授课本质上就是一个人向一群听众大声朗读重要信息的过程（实际上，英语中的"讲座"一词，在法语中意为"阅读"）。在教堂礼拜中，总有人为聚集在一起的教众大声朗读。科学会议、政治演讲甚至公司里的每周例会都是围绕着个人在公众场合大声朗读这一古老做法组织起来的活动。

在 7 世纪与 8 世纪之交，爱尔兰修道士开始在词与词之间添加空格。随着这一趋势在欧洲的发展，无声阅读开始流行。所以要感谢这些古代教士，有了他们的努力，你才可以安心默读这本书剩下的部分，而不需要谁给你朗读出来——

真的是这样吗？

只需要花一点儿时间去思考，你就会意识到无声阅读的概念并不完全准确。如果你在读这句话的时候集中注意力，观察自己脑海中发生的事，首先你就会注意到自己听见了什么——更准确地说，你听到了这句话的语音形式。

在你的脑海深处，有个声音在你眼睛扫过每个字的时候会大声地把它读出来。在大部分情况下，那是你自己的声音，但也有例外：

"我就着蚕豆和上好的基安蒂葡萄酒，把他的肝吃了。"

"我没有和那个女人发生过性关系。"

"这是我的一小步，也是人类的一大步。"

你如果对这些句子很熟悉，在阅读时听到的可能是电影《沉默的羔羊》（*The Silence of the Lambs*）中安东尼·霍普金斯（Anthony Hopkins）令人毛骨悚然的语气；是美国前总统比尔·克林顿（Bill Clinton）否认绯闻时自信的拖长的声音；是美国宇航员兰斯·阿姆斯特朗（Lance Armstrong）踏上月球后通过接收器发出的刺刺啦啦的声音。事实证明，我们在阅读与某个特定的人有强烈关联的句子时，就会听到他或她的声音（图 4）。（当然，只有在我们对这些句子的"朗读者"相当熟悉的时候，这种情况才会发生。我想，除了我母亲之外，此刻本书的读者中没有人会听到我的声音——嗨，妈妈！）

显然，无声阅读并不真的无声，但这对本章的主题有什么重要意义呢？为理解我为什么迅速地介绍一遍阅读的历史，我们需要稍微转换一下话题，做一个看似无关的实验。

图 4 如丝般柔滑的男中音在你脑海中响起

努力加倍，影响减半

实验 1

在这个实验中，你需要准备两个能发声的音源（我发现最简单的是一台电视和一台收音机）。

1. 打开电视，找一档以说话为主体的节目。内容无关紧要，可以是新闻，可以是体育节目，也可以是天气预报，只要找个有人在说话的频道就行。

2. 打开收音机，找一档以说话为主体的节目。同样，不要在意内容，只要找个有人在说话的电台就行。

3. 你的目标是同时听懂电视和收音机中的内容。开始吧。

　　你会发现这是个不可能达到的目标（而且让你非常烦躁）。你可能听懂了电视里的话，但一定为此忽略了收音机里的话。也许你会注意到，自己的注意力在两个声音之间来回"切换"，就好像脑海里有个开关一样。

　　科学家们称之为"双听"（dichotic listening）实验。实验证明，我们虽然可以同时听多人说话，但只能听懂一个人说的话。关键来了：我们试着同时理解两边不同的话时（如上面实验所述），基本上是哪一边都听不懂的！这有些像同时看你最爱的电视剧的两集：尽管这两集剧毫无疑问是有关联的（同样的角色、音乐和有连续性的情节），但你不得不来回切换注意力。你这样做的时候，势必会错过关键信息。只要时间足够长，一切都会变得支离破碎，解释不通，让你摸不着头脑，深感困惑：那家伙是谁？她怎么突然生气了？等等，艾德·史塔克哪儿去了？

　　为了理解双听实验为什么是无法完成的，我们需要对大脑结构做一次介绍。

　　大脑中负责理解口头语言的区域主要有三个：第一个是听皮质（auditory cortex）。它负责处理输入的声音的声学特征，如音调和音量。重要的一点是，大脑的两侧各有一个这样的区域（图5）。这就是为什么在实验中我们可以同时听到电视和收音机的声音：大脑有足够的神经区域处理进入双耳的声音，这完全不是问题。但是，实验的目的当然不仅仅是听到两个声音，而是听懂两个声音。

　　第二个区域是布罗卡区 / 韦尼克区（Broca/Wernicke network）。它负责处理和理解听到的话。重要的一点是，它位于大脑的一侧（大部分人是左侧）。也就是说，非语言声音的特征可以在大脑两侧处理，但语言最终必须被汇集到这个区域中来处理。你可能猜到了，这样做很快会导致听者遇到瓶颈。

　　这个瓶颈是由大脑中的第三个区域控制的。这个帮助我们理解口头语言的部分是左侧额下回（left inferior frontal gyrus）。人们在尝试同时理解两个人说话的时候，这个区域有效地阻止了其中一个声音，而让另一个声音通过"布罗卡 / 韦尼克瓶颈（图 6）"。这就是你在实验中感受到的"开关"。从本质上说，当你的注意力在电视和收音机之间来回切换的时候，是左侧额下回在反复更换不同的信息流来屏蔽。

　　我经常把这个瓶颈想象成几十个匆忙的旅客在机场排成一队进行安检。不过这个比喻与实际情况的出入在于，只要有足够的时间，所有旅客都能顺利登机，但在布罗卡区 / 韦尼克区，没有立即通过瓶颈的信息会完全消失，不存在信息积压或候补名单。所有在左侧额下回被屏蔽的语音，无论从哪个层面上看，都会永远消失：你无法再次获取并处理这些信息。

　　现在，让我们把各部分内容结合起来。

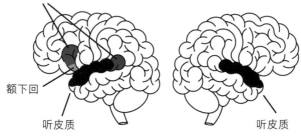

图 5　聆听时的两侧大脑

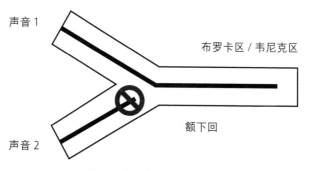

图 6　布罗卡 / 韦尼克瓶颈

二分阅读法真的存在吗

实验 2

在这个实验中，你需要准备一个能发声的音源（一台电视就够了）和一份阅读材料（提示：你现在手里就有合适的）。

1. 打开电视，找一档以说话为主体的节目。和前面的实验一样，内容并不重要，只要找个有人在说话的频道就行。

2. 打开阅读材料，翻到一个你不熟悉的段落（可以把这本书翻到你还没读到的部分）。

3. 你的目标是一边无声阅读这本书，一边听电视节目，试着同时理解这两段信息。开始吧……

考虑到现代生活的忙碌，许多人可能会将阅读安排在一些闲暇时间进行：上班的车上、嘈杂的咖啡馆里或在银行排队的时候。我们习惯了在杂乱的环境中阅读，很少在理解的过程中遇到困难。也许这就是为什么我们会对我们其实无法同时读书和听别人说话这一点感到震惊。

为了明确其中的原因，让我们重新回到大脑中。

看看图 7。是不是很眼熟？

阅读时，首先表现出激活状态的神经区域是视皮质

（visual cortex）。这是大脑处理输入的纯视觉特征，如颜色、物体轮廓和动态的位置。实际上，这种激活发生在阅读过程的早期是非常合理的：你得首先看到单词，才谈得上阅读。

这个时候，事情变得有趣了。几乎是在视皮质被激活的同时，听皮质和布罗卡区 / 韦尼克区也活跃起来。为什么无声阅读会激活大脑中掌管语言的区域呢？很简单：我们根本没有完成从大声朗读到无声阅读的历史性转变，我们只是把语言表达过程从声带转移到了大脑里。换句话说，大脑处理无声阅读的方式和处理大声朗读的方式几乎完全相同。因此，在阅读的同时听人说话和同时听两个人说话是一样的，是不可能做到的！

让我重申一次：人不可能一边理解阅读的文字，一边理解听到的声音。

这就是我们为什么要在本章的开头想象酒吧和会议室中

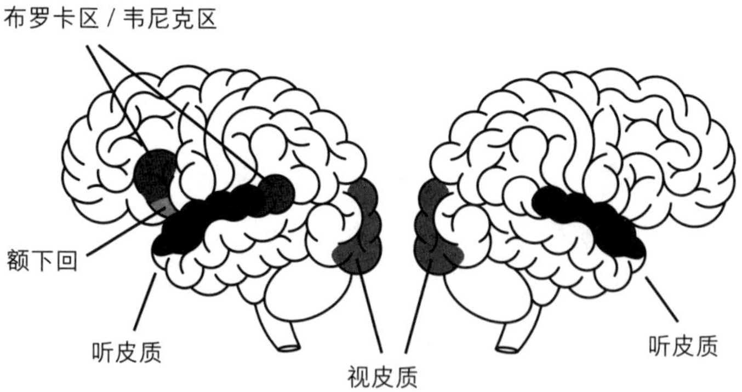

图 7　无声阅读时的两侧大脑……看着眼熟吗？

的情况。在嘈杂的酒吧中交谈时，你的听皮质疯狂地处理着从四面八方涌进你耳朵里的声音。然而，左侧额下回负责对通过布罗卡 / 韦尼克瓶颈的声音进行过滤，将你同伴独特的声音打捞出来，使你能够理解它。因此，即便你可以同时听到几十种相互冲突的声音，它们都会变成毫无意义的噪音，因为你只能关注并理解其中的一个。

同样，在员工会议上，当你的同事站在一张堆满文字的幻灯片前讲解时，你的听皮质在疯狂地同时处理讲解者的声音和你自己在心中默念文字的声音。问题就在瓶颈前出现了：这个时候，你需要决定让哪条信息通过布罗卡 / 韦尼克瓶颈。

如上所述，你如果选择了其中一条信息流（比如选择了自己心中的声音），而把讲解者的声音屏蔽，使其变成无意义的噪声，就能很好地理解阅读的内容。但更常见的现象是，我们总是试图接收所有信息，即不断在幻灯片和讲解者之间跳来跳去。就像同时看两集电视剧一样，我们对两条信息流的理解程度都会受到严重影响。

这就是为什么人们听完使用幻灯片的演讲后，常常比听之前更困惑了。

对演讲者、教师和教练的启示

1. 幻灯片上不放（或尽量少放）文字

无论你喜不喜欢，幻灯片已经成为公司、学校和运动场馆中做讲解时的主流媒介了。不幸的是，很多人把它当成便宜便笺的替代品，在每张幻灯片上都堆满文字。（"如果我漏掉了某个重要的话题没讲，听众可以直接在我身后的幻灯片上读到"。）

现在你应该明白为什么这种做法行不通了。就像你不能一边看电视一边读书一样，听众也没办法一边听你说话一边读幻灯片上的内容：二者中肯定有一个会在布罗卡 / 韦尼克瓶颈前被挡住，然后消失。那么会发生什么呢？听众一般会在你和幻灯片之间来回跳跃，导致两边的重要信息都有遗漏。实际上，很多研究表明，以单一途径（口述或文字）接收信息的人比同时通过两种途径（口述和文字）接收同一信息的人理解和记忆得更好。

所以，下次再做演讲的时候，不要把文字都打在幻灯片上（图 8）。（你如果担心自己记不住该说什么，可以使用提词卡来提示自己。）

等等——如果在幻灯片上添加文字会阻碍学习，那在上面放什么才能促进学习呢？这个问题我们会在下一章中讨论。

热点问题 1：
关键词

"能不能在幻灯片上放少量词或短句？比如，是否可以放些关键词？"

有趣的是，我们只有在连续阅读多个单词时才需要在脑内将视觉文本翻译成听觉语言，比如阅读完整的句子、段落或文字满版的幻灯片。阅读少量的非生僻词时，我们可以绕过发音，直接理解其含义。

出于这个原因，如果每张幻灯片上的关键词比较少（一般来讲不超过 7 个），可能不会影响听众理解。在下一章中，我们会讨论在幻灯片上添加哪些内容可以促进听众理解。

热点问题 2：
重复性文字

"如果我打在幻灯片上的文字和我说的内容一样呢？会互相干扰吗？"

答案很简单：会。

图 8   不要这样做!

原因在于速度。一个人平均每分钟能说出 130 个英文单词,却能阅读 220 个英文单词,经过训练的人每分钟能读完 1000 个英文单词(这意味着有些人读完本章的速度比泡好一杯茶更快)。

因此,当听众遇到幻灯片上的文字和口头内容一样的情况时,他们会倾向于提前阅读或脱离讲解者的顺序阅读。一旦出现这种情况,我们就又回到了老路上:无声阅读的文字和口头表达的内容互相冲突,进而遇到瓶颈。

抛开干扰因素不谈，一般来说，仅仅是逐字逐句朗读幻灯片上的文字也会让听众感到失望和无聊。他们在这种讲解下掌握的信息量甚至比不上把幻灯片带回家、坐在沙发上静静读完后吸收的。无论如何，照着读都是讲解者要极力避免的习惯。

2. 讲义上不放（或尽量少放）文字

很多时候，在演讲、授课或辅导的过程中，讲述者会给听者提供讲义，作为口头演讲的补充材料。不幸的是，如果这些讲义里有文字，那么可以预料，上文提到的问题也会出现。听者要在讲述过程中阅读讲义，就只能屏蔽讲述本身。相反，听者如果要听讲述，就无法阅读讲义。因此，尽量把文字形式的讲义放在演讲完全结束后发放。如果你在演讲过程中一定要用到讲义，记得控制关键词数量（参见第15页），并参考下一章的内容，以获得更多灵感。

3. 冲突时选择听讲而非看字

我们已经知道，在演讲时不要使用文字过多的幻灯片或讲义，但如果我们去听演讲，讲述者却不懂这个道理，我们该怎么办？你已经了解，为使演讲的收获最大化，你需要选择一个信息流，并坚持关注它。但是应该选择哪边？

我的建议（要承认的是，这只是一家之言）是始终把注意力放在讲述者身上。幻灯片是静态的，这一分钟和下一

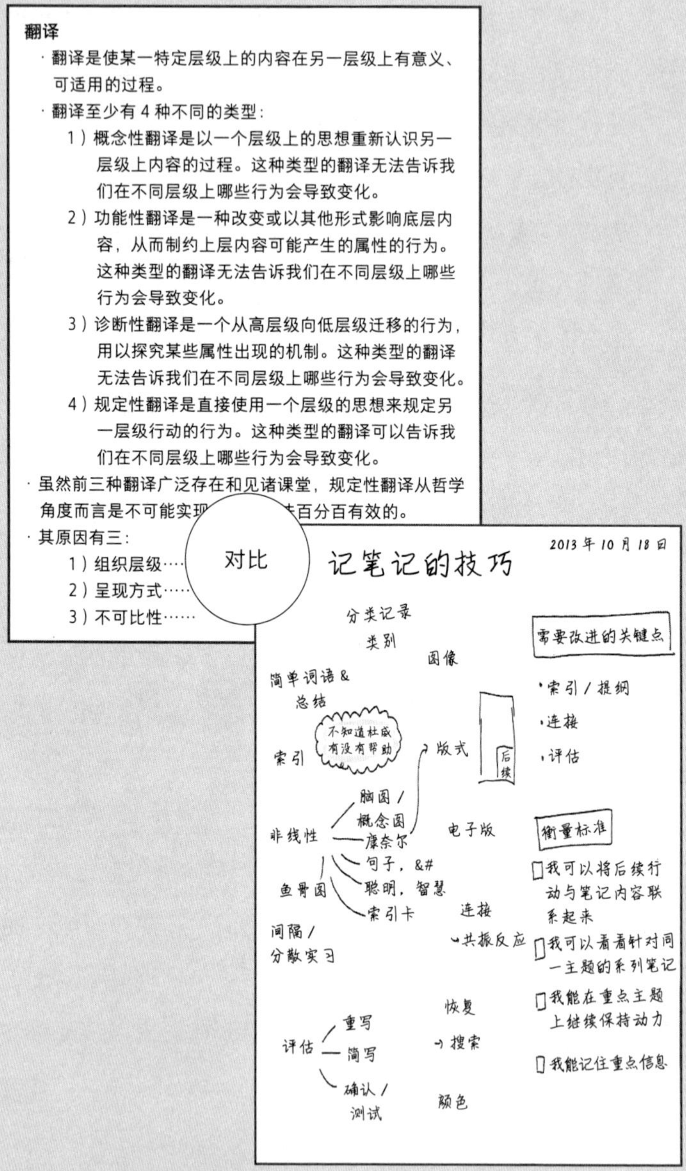
翻译
· 翻译是使某一特定层级上的内容在另一层级上有意义、可适用的过程。
· 翻译至少有 4 种不同的类型：
1）概念性翻译是以一个层级上的思想重新认识另一层级上内容的过程。这种类型的翻译无法告诉我们在不同层级上哪些行为会导致变化。
2）功能性翻译是一种改变或以其他形式影响底层内容，从而制约上层内容可能产生的属性的行为。这种类型的翻译无法告诉我们在不同层级上哪些行为会导致变化。
3）诊断性翻译是一个从高层级向低层级迁移的行为，用以探究某些属性出现的机制。这种类型的翻译无法告诉我们在不同层级上哪些行为会导致变化。
4）规定性翻译是直接使用一个层级的思想来规定另一层级行动的行为。这种类型的翻译可以告诉我们在不同层级上哪些行为会导致变化。
· 虽然前三种翻译广泛存在和见诸课堂，规定性翻译从哲学角度而言是不可能实现
百分百有效的。
· 其原因有三：
1）组织层级……
2）呈现方式……
3）不可比性……
对比
2013 年 10 月 18 日
记笔记的技巧
分类记录
类别
图像
简单词语 &
总结
不知道杜威有没有帮助
索引
版式
后续
脑图 /
概念图
非线性
康奈尔
句子，&#
聪明，智慧
索引卡
电子版
鱼骨图
连接
共振反应
间隔 /
分散实习
恢复
评估
重写
简写
确认 /
测试
搜索
颜色
需要改进的关键点
· 索引 / 提纲
· 连接
· 评估
衡量标准
我可以将后续行动与笔记内容联系起来
我可以看看针对同一主题的系列笔记
我能在重点主题上继续保持动力
我能记住重点信息

图 9 浅记与深记

分钟没有任何区别，但讲述者一般会根据听众的情绪做出回应，于是会在演讲中增加趣事、题外话和即兴点评这些不会出现在幻灯片上的内容。出于这个原因，你可能会从讲述者那里得到更多比笔记更重要、更连贯的信息，或只是更大的信息量。

如果你实在担心错过关键内容，可以在演讲结束后复制一份幻灯片。这样，你就可以在舒适的家中全神贯注地阅读并理解它了。

热点问题 3：
做笔记

"可以做笔记吗？听讲时写字会让我遇到布罗卡 / 韦尼克瓶颈吗？"

有趣的是，这个问题的答案取决于你做的笔记的类型。

做笔记的方式可以分为两个不同的类别：浅记和深记（图 9）。我们做浅记时的目标很简单，就是在演讲过程中尽可能多记下东西来，基本上就是草草记下演讲的全文。很幸运，这样的笔记不会引发布罗卡 / 韦尼克瓶颈，耳朵接收到的所有声音都会落在纸上。

这就是问题所在。只要做浅记，你就会发现自己几乎学不到任何东西。以法庭速记员为例，他们能以不可思议的速度每分钟打出 300 多个英文单词，甚至在最混乱的庭审中也能几乎一字不漏地记下每个词。但如果你问速记员案件的特殊细节，他们一般只有一些短期记忆，对案件更大的背景或最终意义没有概念。这是因为做浅记时，唯一重要的是单词的发音和顺序，而不是这些内容背后的意义。

相反，我们做深记时的目的是理解讲述者的话，并通过对其重新组织掌握更深层次的含义。这些笔记一般显得很凌乱，字迹潦草，布满线条和涂鸦。不幸的是，我们这样做笔记时，瓶颈也会出现：当你专注组织语言时，讲述者的声音就变成了背景中的噪声。

研究不断证明，虽然深记可能触发瓶颈，减少从演讲中吸收的信息总量，但这种方式有助于强化对记录下来的想法的理解和记忆。换句话说，你学到的虽然可能更少，但很可能更扎实。所以，在做深记的时候，一定要注意记录那些你觉得重要的内容。

这又导致了第二个重要的问题。许多人认为，用电脑记笔记的效果不如用传统的纸笔记录的。实际上，工具本身并不重要，每种工具都有适合记的笔记类型。很多人在键盘上打字的速度比手写速度快得多。出于这个原因，计算机更适合做浅记：人们在听到词的时候会自觉地打出来，仅仅是因为他们的手速跟得上。相反，手写更适合做深记：人们会在大脑里处理和组织信息，是因为他们知道不可能记下讲述者说的每一个字。

因此，用电脑记笔记本身没有什么问题，只是这种笔记一般是浅记（而不是深记）形式，导致学习效果不佳罢了。至于手写笔记，从本质上说也没有什么特别的优势，只是这种笔记需要经过深度处理，因此学习效果更好。

---

4. 录入电脑的文本和语音没什么不同

在设计数字课程或演示时，人们一般会同时采用文字和语音两种元素。只要使用者能控制好这些元素，根据需要随时切换，它们就会变成很好的设计选择。但如果不考虑受众需求，盲目地将它们组合在一起，问题就出现了。

你可能已经猜到，同时采用文本和语音两种元素，即便二者内容相同，也会影响受众对内容的理解和记忆。出于这个原因，设计时要考虑留出一些空间，方便受众对接触文字和语音的方式进行管理和控制。

此外，如今很多网站经常把文字材料嵌在音视频材料旁边。这会迫使听众的注意力在文字和音视频材料之间来回转移，因此在设计时要提供停止音视频材料播放的选项，并使其与文字材料有明确的界线。我也建议把音频或视频设计为弹窗，这样可以保证用户专注于视听材料而不受文字的干扰。

本章小结

我们无法在听人说话的同时阅读文字。

- 无声阅读并不是真的无声。

- 因为存在布罗卡／韦尼克瓶颈，我们在同一时间只能理解一条语音信息流。

- 在阅读文字材料和听口头演讲之间迅速切换会削弱对两条信息流的记忆。

应　用

1. 幻灯片上不放（或尽量少放）文字。

- 可以放关键字（一般不超过 7 个）。

- 即使文字和语音完全一致……仍然会有同样的问题。

2. 讲义上不放（或尽量少放）文字。

3. 冲突时选择听讲而非看字。

- 浅记会影响学习效果。

- 深记会增强学习效果。

- 电脑适合浅记。

- 纸笔适合深记。

4. 录入电脑的文本和语音没什么不同。

第二章

图像 + 演讲

我们只会听见和领会我们已经有所了解的内容。

——美国作家亨利·戴维·梭罗

（Henry David Thoreau）

瑞典乐队 ABBA 的《舞蹈皇后》（*Dancing Queen*）。

虽然不太愿意承认，但在我年少时的某段时间，这是我最喜欢的歌。实际上，可以说在 20 世纪 90 年代中期，这首歌我听了能有 300 多遍。那段时间里，我非常确定这首歌的第一句应该是："你能跳舞，能死亡（die），享受你多姿多彩。"老实说，我觉得这句词有点儿黑暗，但这可是 ABBA……我能有什么意见呢？

直到今年早些时候，我在上班时浏览视频网站，偶然点开了这首歌的原版音乐录影带。虽然我早已对这首歌耳熟能详，但我只用耳朵听过它——现在，我终于开始用眼睛看它了。

我满心期待着回到辉煌的青春岁月，于是点了播放……就在这时，令我震惊的事发生了。在第一句，两位歌手清晰地扯开嘴角，摆出了一个你绝不会看错的"J"的形状。

这是我人生中第一次听到正确的歌词："你能跳，你摇摆（jive）。"这首歌里根本没有提到死亡，只是在劝人来跳舞（回过头看，这种解释果然更通顺）。

到底发生了什么？对一首歌的视觉体验竟然能改写20年来的记忆？

用眼睛听，用耳朵看

我对《舞蹈皇后》记忆的崩塌恰恰印证了"麦格克效应"（McGurk Effect）。它描述了视觉体验影响听觉体验的心理现象。

一个典型的麦格克效应实验会是这样的：你坐在电脑屏幕前，看着一个人嘴型夸张地发出"baba"的音，扬声器送到你耳朵里的也是同样的语音。你会不停地听到"baba"。

突然，扬声器里的声音没有变化，屏幕上的人却开始发另一个音。这次他没有紧闭嘴唇发出"ba"，而是故意将门牙放在下唇，夸张地做出"fa"的嘴型（图10）。

此时，麦格克效应开始生效了。

和之前听到的清晰的"b"不同，你开始听到更柔和的"f"。即便你清楚扬声器里的声音没有变，但你听到的就是完全不同的"fafa……fafa……fafa"。

这时你觉得是研究人员在捉弄你，于是闭上了眼睛。屏幕上的脸消失，扬声器里的声音恢复为之前的"baba"。但

图 10 麦格克效应

只要你把眼睛睁开，看到那个人的脸，声音就又会变成"fafa"。

很多人似乎比较能接受视觉驱动听觉的概念（也许这与视觉观察的对象有形而声波无形有关）。但这个过程并不是单向的这一点可能会让你有些吃惊。我们找到了许多视觉驱动听觉的例子，但听觉驱动视觉的例子同样存在。

最有名的实验当属"沙姆斯幻觉"（Shams Illusion）。典型的沙姆斯实验的开头和前文中的麦格克效应实验类似。你坐在一个空白的电脑屏幕前。突然，扬声器里响起响亮的、间隔随机的哔声，与此同时，屏幕上迅速出现一个小圆圈，又随即消失。

偶尔，扬声器里会连续出现两次响亮的哔声，同时屏幕上迅速出现两个圆圈，而后消失。规律非常简单：听到一声哔，就会看到一个圆圈；听到两声哔，就会看到两个圆圈。没什么可大惊小怪的。

只不过，这其实是幻觉。不管扬声器里发出多少次哔声，电脑屏幕上一直只会出现一个圆圈。任何时候屏幕上都不会出现两个圆圈，但你会一口咬定，每次听到两声哔时你都看到了两个圆圈。从本质上说，这是麦格克效应的反面。在麦格克效应中，看到的改变了听到的，而在沙姆斯幻觉中，听到的改变了看到的。

感觉整合

显然，我们的视觉与听觉之间存在着强大且系统性的关联。但它们是如何运作的呢？

在上一章中我们了解到，当我们听到声音时，这些信息首先会由大脑两侧的听皮质进行处理。

相反，当我们看到图像时，这些信息会由大脑后部的视皮质处理（图 11）。这块很大的神经区域被划分为多个不同区域，每个区域负责处理观察到的物体不同方面的信息。比如，当我们观察一只鸟飞翔时，视皮质的不同区域会分别处理鸟的线条、颜色、动态等。

前文中我们看到，两条信息流试图通过同一个处理通道时会遭遇瓶颈，导致信息丢失。幸运的是，听觉和视觉使用的是不同的处理通道，不仅不会遇到瓶颈问题，还能帮助我们将视觉和听觉整合成一个信号（图 12）。这个过程就是感觉整合（sensory integration）。

重要的是，感觉整合并不是一个简单相加的过程（A 加 B 等于二者之和），而是一个生态过程（A+B=C）。举个例子，想象一下，你把十几只外来甲虫扔进了一个生态平衡的花园里，其结果绝不会是简单的花园与甲虫相加。这样的举动会改变一切：食物链、土壤中的营养物质及生存环境。听觉和视觉也是如此。在真实情况中，我们把听到的和看到的内容整合，就会制造出一项新的内容。也许没有其他形容比"整

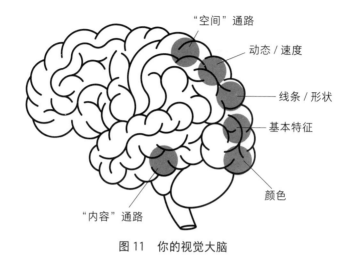

图 11　你的视觉大脑

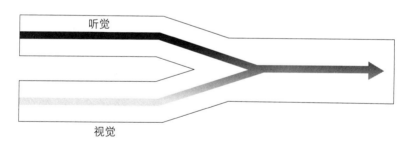

图 12　视觉和听觉自由整合——没有瓶颈！

体大于部分之和"这句话更能概括这个过程的了。

让我们看看在现实世界中这意味着什么。

解　读

首先我要承认一点：在接下来的几节中，我将试着展示听觉和视觉是如何结合起来产生意义的。我不能百分之百肯定书是完成这项任务的最佳媒介。但是，正如我们在上一章中学到的，阅读文字和听人说话没什么区别。既然如此，我在下面用到的例子虽然并不是很理想，但还是能体现基本原理的。

首先，我希望你能看一下图 13，然后阅读图注的文字。

同样，考虑到读可以代替听，我想这篇文章是相对简单明了的。这是个关于一群朋友周末聚在一起打牌的平常的故事。没什么问题。

现在，我希望你看一下图 14。请注意，图注的英语原文和图 13 是完全一样的。

传到你耳朵里的是同样的故事、同样的句子、同样的声音——但图像的变化改变了你对这些听觉信息的解读。图像改变后，"笔记""分数""表现"这些词突然就有了另一种解释。① 与之类似，"她迅速把纸牌收好"和"节奏越来越

---

① "笔记"（note）有音符之意，"分数"（score）有曲谱之意，"表现"（performance）有演奏之意。——编者注

　　每个星期六晚上，三个好朋友都会聚在一起。当杰瑞和凯西来到卡伦家，卡伦正坐在房间里记笔记。她迅速把纸牌收好，起身到门口迎接她的朋友们。他们跟着她进了客厅，但和往常一样，他们无法就今天玩什么达成一致。凯西最终做了决定，于是他们开始了。当晚早些时分，凯西注意到卡伦的手。卡伦手上有一大把方片。天色越来越晚，他们的节奏也越来越快。最后，卡伦说："我们来宣布分数吧。"他们认真听着，并对自己的表现进行了点评。一切结束后，卡伦的朋友们回家了。他们虽然疲惫不堪，但都很开心。

图 13　解读（第一部分）

（总结自安德森［Anderson］等人发表于 1977 年的论文）

　　每个星期六晚上，三个好朋友都会聚在一起。当杰瑞和凯西来到卡伦家，卡伦正坐在房间里谱曲。她迅速把曲谱收好，起身到门口迎接她的朋友们。他们跟着她进了客厅，但和往常一样，他们无法就今天演奏什么达成一致。凯西最终做了决定，于是他们开始了。当晚早些时分，凯西注意到卡伦的手。卡伦戴着好几枚钻戒。随着天色越来越晚，他们的节奏越来越快。最后，卡伦说："我们来试奏新写的谱子吧。"他们认真听着，并对自己的演奏进行了点评。一切结束后，卡伦的朋友们回家了。他们虽然疲惫不堪，但都很开心。

图 14　解读（第二部分）

（总结自安德森［Anderson］等人发表于 1977 年的论文）

快"这样的短句在新的语境中也有了全新的理解方式。重要的是，这种作用是双向的：你听到的声音（在这个例子里是阅读的文字）影响着你解读图像的方式。在第一张图里，你很可能把凯西这个名字和画面上的某个男性联系在一起，他对卡伦手里的同花顺很感兴趣。而在第二张图里，你可能会认为这是画面上的一个女性的名字，她对卡伦奏乐的手上戴着的钻戒 ① 很感兴趣。

　　这就是我前面讲到的生态过程。信息进入眼睛后，改变了你处理和解读进入耳朵的信息的方式。同样，当信息进入耳朵的时候，它也改变了你处理和解读进入眼睛的信息的方式。整体大于部分之和。

理　解

我们继续用读来代替听。请阅读下面的选段：

　　如果气球破裂，声音就无法传递，因为一切都离目标楼层太远了。关上窗户也会阻碍声音传播，因为大多数建筑物都有很好的隔音效果。鉴于整个操作依赖稳定的电流，电线中间的断裂也会引发问题。当然，发声者可以大声喊叫，但人声太弱，无法远距离传播。另一个

---

① "方片"（diamond）有钻石之意。——编者注

问题是，乐器上的琴弦可能会断，那么传递的信息就没有了伴奏。显然，最好的办法是缩短距离，这样潜在的问题会少一些。在面对面接触的情况下，事情出错的概率最小。

大多数人都会觉得这段话有些奇怪。从字面上看，这段文字通俗易懂——但它是什么意思呢？虽然每一句你都能看懂，但没有任何东西能把它们串联成一个连贯的概念。如果我测试你的记忆力，问你刚才读了什么，你也许只会记得一些零星的细节，但总体上说，效果可能非常糟糕。

现在，请看图 15。

突然之间，你能看懂前面的文字了。随着视觉信息的加入，你听到的内容一下活了过来：具体的细节清晰起来，画面成形，句和句之间产生了逻辑联系。之前你仅仅是在阅读文字，现在你理解了它们。

但和前面一样，这种效应不是单向的：如果我先让你单独看这张图片，没有附上声音／文字，你可能会觉得它很可爱，但不知道它具体在描绘什么。一旦配上这段文字，某些细节（摆在地面上绑着收音装置的话筒架，歌手和女人之间的楼层差）会变得格外重要，而其他细节（天空中的月亮、城市中的建筑）会逐渐消失在背景中，从而让你理解其真实的含义。

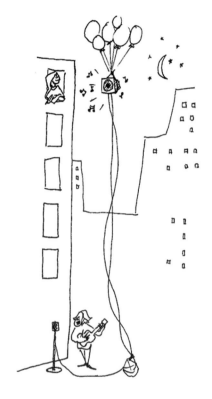

图 15　感觉整合驱动理解

（摘自布拉德曼和约翰逊 [Bradman & Johnson] 发表于 1972 年的论文 ）

这一切存在的意义

你可能已经注意到，在上面的例子里，我其实可以增加一些简单的细节描述。例如我可以说："想象一个人在弹吉他，这把吉他连接着扩音器，扩音器由一堆气球吊着，悬在 6 层楼高的地方……"这样就能讲清文字背景，不再需要图片了。

那么，我们为什么要把图片和文字结合起来呢？

方便与具体

一切要归结为方便与具体。为了证明这一点，我在下面引用了一段描述某个著名文学形象的原文。读一读，看你要花多长时间才能判断出是哪个人物，再翻到第38页看看图16。

他的四肢比例是匀称的，我为他选择的面貌也算漂亮。漂亮！伟大的上帝呀！他那黄色的皮肤几乎覆盖不住下面的肌肉和血管。他有一头飘动的、有光泽的黑发，一口贝壳般的白牙，但这种华丽只把他那湿漉漉的眼睛衬托得更加可怕。那眼睛和那浅褐色的眼眶、皱巴巴的皮肤和抿成直线的黑嘴唇差不多是同一个颜色。

方便：图像让我们能在短得惊人的时间内处理数量多得可怕的信息。你需要大约30秒才能读完文字描述，但只需要大约0.2秒就能认出图16的形象。

"但是等一下，"你可能会说，"你只要简单地说一句'弗兰肯斯坦的怪物'，我同样能迅速理解。"当然没错——这就引出了第二个概念。

具体：在过去的一个世纪里，弗兰肯斯坦的怪物已经演化出几十个变体。除了玛丽·雪莱（Mary Shelley）创作的原著和鲍里斯·卡洛夫（Boris Karloff）塑造的经典形象之外，还有彼得·伯耶尔（Peter Boyle）在《新科学怪人》（*Young Frankenstein*）中塑造的喜剧形象，有罗伯特·德尼罗（Robert De Niro）在 1994 年版电影中的情感解构，以及罗里·金尼尔（Rory Kinnear）在电视剧《低俗怪谈》（*Penny Dreadful*）中苍白的哥特式形象。如果我只简单说一句"弗兰肯斯坦的怪物"，然后对这个角色进行冗长的口头讨论，很难保证每个人脑中的怪物形象是一致的。我们想象出的图像会改变我们解读和理解语言的方式，而使用图片可以确保每个人在这个问题上达成一致，产生相同的理解。

总而言之：口头叙述或视觉呈现单独使用都不错，但只有当听觉和视觉整合后，效果才是最棒的。

图 16 这样就容易多了

对演讲者、教师和教练的启示

1. 在幻灯片上（主要）放图片

在上一章中我们已经知道，在幻灯片上堆满文字会逼迫听众在听你说话和阅读文字之间做出选择，而他们不可能同时做两件事。那么，我们应该在幻灯片上放什么呢？你可能已经猜到了答案：图片。

如前文所述，对图像和语音的处理可以同时进行，而且二者结合还有助于听众解读和理解被呈现的内容。事实上，当图像和文字结合时，人的记忆力（比起单独呈现）会有20%的提升。此外，已有证据表明，在演讲中加入图片可以提高听众的参与度、接受度和喜爱度。总体来说，已有科学研究证明，在幻灯片上用图片代替文字，会让听众认为你准备得更充分、更专业，让他们更喜欢你。这可不是开玩笑！

热点问题 1：

数　量

"每张幻灯片上可以放多少图片？"

在意识到图片的力量后，我们总会做得有点儿过火。逻辑非常清晰：既然加 1 张图片可以提高记忆力，那么加 10 张图片应该可以让记忆力爆表吧？但不幸的是，图片并不是越多越好。

我们从前文中了解到，人类分析和识别图像的速度非常快（大约只有 0.2 秒）。但不幸的是，这个速度仅限于一次处理一个复杂图像的情况（图 17）。如果要理解同时出现的多个复杂图像，只能处理完一个再处理下一个。这不仅会增加解读的时间，还会消耗注意力资源，削弱对各幅图像的记忆。实际上，如果我同时向你展示多幅视觉场景，你的记忆水平会比看到单幅场景时降低 50%。

因此，在设计幻灯片时，试着想象你正在和朋友一起看相册。你绝不会把一堆照片杂乱地摊在桌子上，一边翻找一边追忆往事。自然而有效的做法是一张接一张浏览，依次分析和讨论这些照片。

热点问题 2：

图　表

　　"那么图表呢？我们只需要 0.2 秒就能理解它们吗？"

如果这一章中的内容你什么都没记住，也请记住这一点：图表和其他图像不一样（图 18）。我们之所以能在眨眼间看懂复杂的场景，很大程度上是因为多数场景

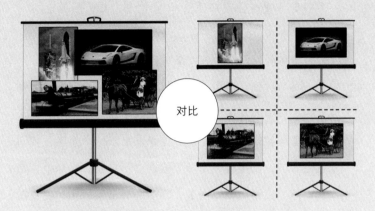

图 17 每张幻灯片上放一张图片就够了

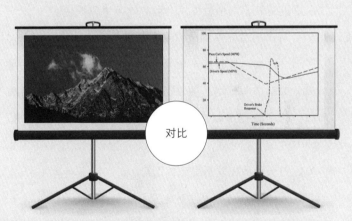

图 18 大脑处理图表的方式与处理典型图片的不同

都存在潜在的模式或"主旨"。例如，如果我给你看一张包含 1000 棵树的图片，你不需要在对每棵树进行分析后才将图片识别为一片森林。

不幸的是，图表很少有这种主旨。相反，图表的意义在于其中的具体细节——每个数字、字母和图形都承载着理解整体含义所必需的信息。出于这个原因，我们看图表的速度很慢，想看懂图表也不容易。实际上，每次幻灯片上弹出一张图表，都像是丢出了一幅"威利在哪里"[①]的图片：尽管知道要去哪里寻找和演讲有关的信息，但听众必须走完一个复杂的迷宫才能理解自己看到的东西。你可能已经猜到，听众必须分出注意力和精力来解析图表，这个过程总会以影响听讲为代价。

演讲的过程中如果需要出现表格，你可以选择分步展示。例如，你可以从解释坐标轴开始，在图表上每叠加一层就讲解一次，图表上每出现一个新部分就解释一次。这个过程可以快速地向听众解释图形代表的信息，确保他们在恰当的时刻关注正确的信息，而不会把宝贵的认知资源用在解析复杂的图形上。

另一个好方法是明确地突出某些图形，引导听众把注意力集中在那些值得解析的区域上。幸运的是，我们会自动关注那些打破图像统一性的部分，无论这种统一

---

① 著名游戏。读者要在一个个混乱的场景中寻找戴着眼镜、穿着红条纹上衣、拿着糖果手杖的威利。——译者注

是哪种形式的。心理学家称之为"弹出效应"（Pop-Out effect，图 19）。大片黑色中的一点灰色，大片标准字体中的一点**加粗**，大片小写字母中的大写字母都很显眼。当听众知道应该看什么时，他们会更容易理解你的观点。

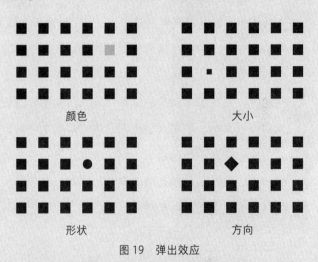

颜色   大小

形状   方向

图 19　弹出效应

热点问题 3：

相关性

"图片需要和我当前的话题相关吗？"

很不幸，"投入"和"学会"并不是同义词。你吸引了听众的注意力，使他们投入你的演讲，只能说明他们准备好学习了……但这并不能保证他们真能开始学习。

我提出这个问题是为了强调一点：有研究证明，在演讲时加入一些可爱、傻乎乎或不相关的图片确实能提高听众的投入程度，但很可能影响学习效果。另有研究证明，添加与演讲相关的图片可以帮助听众建立更深层次的联系，最终提高学习效果，但可能降低投入程度。

因此，图像是否需要与演讲相关，取决于你要达到怎样的目的。在演讲初期，你的目标应该是保证听众参与进来，愿意听你说下去，那么不相关的图片就会成为你最好的搭档。但在演讲后期，你的目标是让听众理解并记住你在讨论的问题，不相关的图片就会变成你最大的敌人。明确添加图片的终极目的，可以帮助你决定添加与演讲有多大相关性的图片。

---

2. 在讲义上（主要）放图片

幻灯片需要遵循的原则，演讲中发给听众的所有讲义同样适用。在上一章中我们看到，附带文本信息的讲义会强迫听众在阅读和听讲之间做出选择。幸运的是，印有图片的讲义不会出现这样的情况：人们可以一边听讲一边研究讲义上的图片。因此，要尽量保证演讲过程中提供的讲义内容大部分是图片而非文字资料。同时也要注意前文提到的关于数量、相关性以及图表自身特征的问题。

3. 用图像辅助数字化呈现

　　演讲、书面文字和视觉图像会遇到的问题，在数字化的呈现方式中同样不能避免。因此，你在开发包含语音或书面文字元素的新程序、新网站的时候，也要利用图片来提升呈现效果。如前文所述，如果添加图片是为了吸引人们的注意力，让他们兴奋地参与进来，那么图片的相关性就不那么重要了。但是，如果添加图片是为了更好地传递信息、深化理解，那么就要保证图片和文字信息是相关的。

4. 小心"爱登堡效应"

　　人们都喜欢时尚、魅惑与浮华的东西。只要看看电影视觉特效技术的发展有多迅速，就会发现越是让人"眼前一亮"的东西就越受欢迎。在学习时也是如此。看到制作精良的视频或演示文稿时，大多数人都会认为比起枯燥、朴素的演示方式，这样的演示能帮助自己理解得更透彻，学到更多。

　　这就是问题所在：这是一种幻觉。无论视频或演示文稿看起来多么有魅力，实际的学习过程都是一样的。这种幻觉被称为"爱登堡效应"。你如果看过"世界自然纪录片之父"大卫·爱登堡（David Attenborough）拍摄的精致的自然类节目，很可能会着迷，并坚信自己会记住片中每一个瞬间。然而事实是，在看完节目一周后测试对其中内容的记忆时，你的记忆水平很可能会和通过更直接、更简单的呈现方式了解同样内容的人一样。

　　也就是说，在设计演讲或课程时，不要担心细枝末节。如果你只有两个小时准备演讲材料，而最终目的是让听众更好地理解并学到东西，那么你的时间最好花在完善内容、观点和故事，而非努力制造光鲜亮丽、富有魅力的视觉效果以震撼听众上。

本章小结

边看图片边听演讲可以提高学习效果和记忆水平。

- 大脑对听觉内容和视觉内容是分开处理的。感觉整合是一种生态过程：整体大于部分之和。
- 听觉与视觉的整合可以帮助解读和理解。
- 视觉图像的方便与具体是口头讲述无法比拟的。

应　用

1. 在幻灯片上（主要）放图片。

- 相关的图像可以辅助听众理解，不相关的图像可以吸引听众投入。
- 图表和普通图像不一样！

2. 在讲义上（主要）放图片。

3. 用图像辅助数字化呈现。

4. 小心"爱登堡效应"。

- 投入不等于学会。

中场休息 1

请花大约15秒时间来研究和欣赏这张过去的成人教育海报。

第三章

位　置

物有所归，各尽其用。

——美国牧师查尔斯·A. 古德里奇

（Charles A. Goodrich）

请注意：本章的内容会让你感到有些困惑。但请放心，这种形式背后是有原因的。我保证看到最后一切都会明了。

现在，让我们开始吧！

- 2016 年，美国学生亚历克斯·马伦（Alex Mullen）在 19.41 秒内成功记住了洗过的一副 52 张扑克牌的顺序。
- 2013 年，瑞典作家约翰内斯·马洛（Johannes Mallow）在 5 分钟内成功记住了一串有 1080 个字符的二进制数字。
- 2015 年，印度菜贩苏雷什·库马尔·夏尔马（Suresh Kumar Sharma）成功地记住了圆周率的前 70030 个数字。

毫无疑问，上面提到的 3 个人都有令人敬畏的记忆力。但更令人难以置信的是，完成这些壮举的人从任何意义上来说都是完完全全的普通人。他们没有渊博的知识，也没有摄影式的记忆力，更没有天生的"超人大脑"。他们有着和你我一样的神经结构。他们是怎么做到的？

他们都使用了一种有 2000 年历史的记忆术——"轨迹记忆法"（method of loci）。这种方法有两个简单的步骤：第一步是设计。一般人对枯燥、无聊的内容记得极差（参加过冗长的董事会吗），但对令人难以置信或极度震惊的内容记忆力却惊人地深刻（目睹或经历过车祸吗）。第一步就是利用这一点，精细地设计一个过程，把普通的内容在脑内替换成不普通的图像。比如，你在试着记住一副扑克牌时，可以在脑内把梅花 3 换成"猫王"穿着比基尼在装满布丁的儿童泳池里扭屁股的画面。设计得越具体、越奇怪，记忆效果就越好。

第二步是放置。把每张牌都替换为设计好的图像后，你可以选择一个非常熟悉的特定地点（比如童年时居住的房子），沿着行走路线把每张图都放在一个特定位置（比如大门边、走廊里、厨房中等）。放置的过程可以让你轻松地记住摆放图像的顺序。在需要回忆这副扑克牌的时候，你要做的就是在脑海中的这个房间里漫步，看到图像时就喊出它代表的牌（在大门边看到"猫王"在一堆布丁里——梅花 3；在走廊里看到麦当娜骑着一只老虎——方片 6）。

实际上，几乎所有脑力运动员使用的都是这种技巧的某种变体。这表明空间位置和记忆力之间存在着非常强烈的联系，但其中的机制到底是怎样的呢？

新闻属于 人民	# 每日新闻	**天气** 今天：大部晴朗 最高气温华氏 75 度 最低气温华氏 61 度
第 1 期⋯001 号	康涅狄格州，1953 年 9 月 1 日，星期二	10 美分

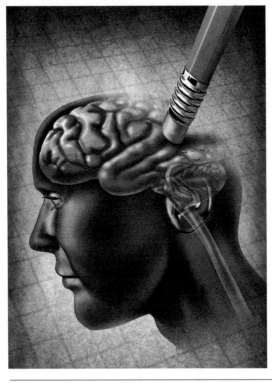

一个男人失忆了

曼彻斯特电 记忆有多种不同的形式。比如，**工作记忆**让我们可以在短时间内保存当下接收到的信息。这就是为什么你能记住句子开头，并能将其与现在阅读的内容连接成逻辑通顺的整句。此外，还有**程序性记忆**。很大程度上，这体现了我们无意识激活肢体动作和技能的能力。这就是为什么我们刷牙、抛球和煮鸡蛋的时候不用过多思考。

不过一般我们用到"记忆"一词时，指的都是**陈述性记忆**。这是我们记忆具体细节和事情的能力。比如，你记得今早吃了什么、法国的首都是哪里，以及童年时期最喜欢的老师是谁。

我们对不同记忆形式的研究虽然已经持续了几个世纪，但仍有许多未解之谜。比如，这些记忆储存在大脑的什么位置，以及这些记忆到底是什么，是某种电磁波模式，还是一串连接的分子？

尽管如此，可以肯定地说，我们对记忆形式的大部分了解都来自一个人——亨利·莫莱森（Henry Molaison）。

（下接第 2 页）

正常的大脑

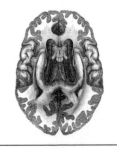

（上接第 1 页）

7 岁时，亨利开始反复出现癫痫的症状。虽然开始症状较轻，但随着年龄的增长，症状变得越来越严重。到 27 岁时，亨利一周会昏迷 10 多次，根本无法维持正常的工作和生活。经过一系列不成功的药物治疗后，亨利决定接受一次危险的试验性手术。亨利癫痫的源头位于大脑中一个名叫"海马"的区域，于是医生决定打开他的颅腔，切除这一部分。

不可思议的是，手术成功了。亨利又活了 55 年，一年只会再犯一到两次癫痫。但不幸的是，海马被切除后，亨利在之后的 55 年中再也无法形成任何新的陈述性记忆了。

————————

简单来说，海马是通往记忆的大门

————————

虽然他还记得手术前的很多事，但他对新事物的记忆只能维持几分钟。他会一遍又一遍地读同一本杂志，记不得父亲已经去世，还会向已经见过几百次的医生重

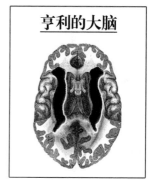

亨利的大脑

新介绍自己。事实上，直到 2008 年去世时，亨利依然认为自己只有 27 岁，生活在 1953 年。

亨利能记住手术之前的事情，说明记忆并没有被储存在海马中。但他无法拥有新的记忆，说明新信息或经验需要通过海马的处理才能变成记忆。简单来说，海马是通往记忆的大门。

让我们仔细看看这个重要又有趣的大脑结构。

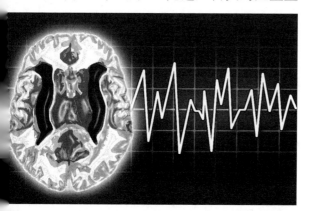

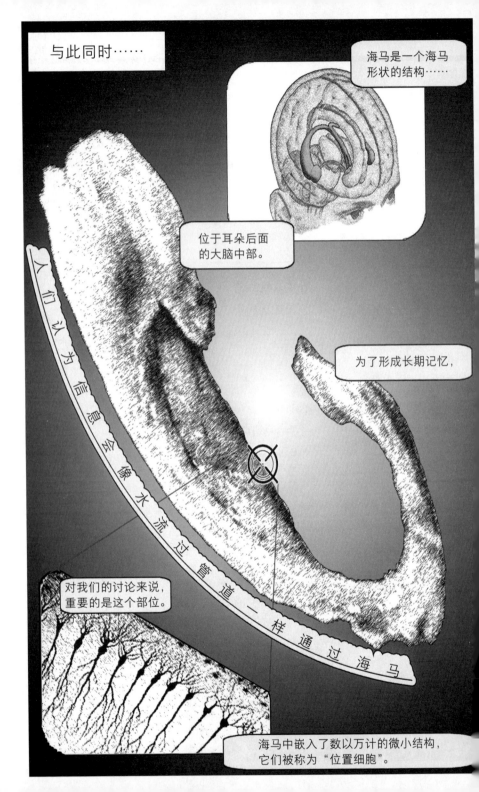

位置细胞狂热从何而来！

记忆和位置

1988 年 7 月刊 售价 1.75 美元 / 1.65 英镑

空间是个整体概念

我们的"记忆之门"海马上布满了位置细胞，说明位置是记忆的重要组成部分。事实上，如果我向你展示一个屏幕，上面散落着几个图像（左上角是一辆自行车，右下角是一条蛇之类），接着把图像撤掉，再问你一个问题（蛇是什么颜色的？），你的眼睛还会落到屏幕上的对应位置——即使那里已经是一片空白！

凝视虚空

研究人员把这种现象称为"凝视虚空"。重要的是，即使我们没有特别关注原始图像的空间位置，这种情况也会发生。无论是否愿意，我们的位置细胞都会下意识地绘制脑内地图，而这些地图会在新记忆中被自动编码。

克里·塞兹：

"想想上次别人未经许可整理你的桌子的情况。即使你从来记不住自己的订书器、马克杯和笔记本放在哪里，但只要东西被移动过，你可能马上就会看出来。这是因为你的位置细胞会自动将这些信息编码。"

此外……
位置是陈述性记忆不可或缺的一部分，原因有以下两个：

脑内地图能提供强大的线索指引。比如，如果我让我弟弟回忆一下小时候一起去阿尔伯克基的经历，他可能会面无表情地盯着我。但如果提醒他我们住过一家双层的汽车旅馆，街对面有一家看着很破旧的 DQ 冰激凌店，旁边是一条荒废的购物街，他很可能依据这些位置细节完整地重构起我俩的这次"逃亡"（出场的包括一块滑板、几个垃圾桶和一个暴怒的母亲）。

这就是本章开头讨论的轨迹记忆法起效的原因。虽然要以正确的顺序记忆上百张脑图仍然非常困难（无论设计复杂与否），但想要记住小时候在其间长大的房子、读过的高中或每天办公的场所是非常容易的。因此记忆大师会将精心设计过的图像放在这些脑内地图里，可以按照一定顺序利用每一张图代表的线索唤起整条记忆线。

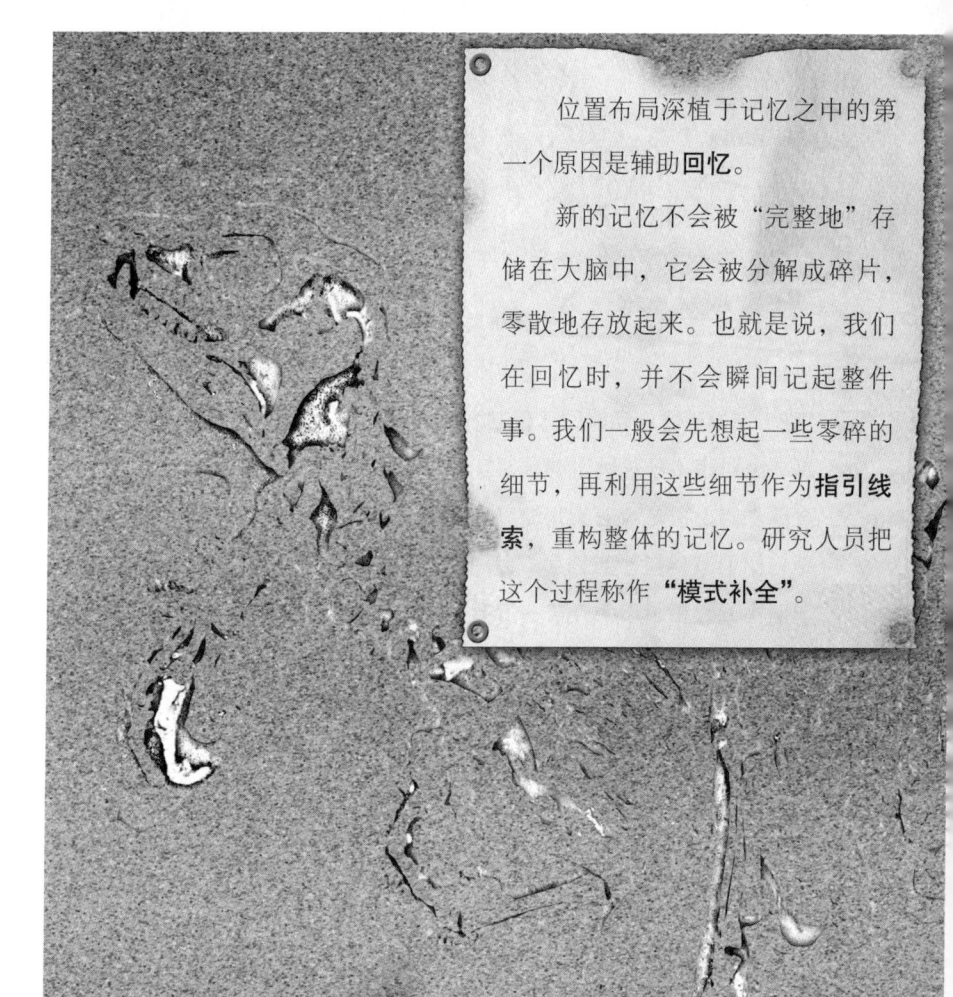

位置布局深植于记忆之中的第一个原因是辅助**回忆**。

新的记忆不会被"完整地"存储在大脑中，它会被分解成碎片，零散地存放起来。也就是说，我们在回忆时，并不会瞬间记起整件事。我们一般会先想起一些零碎的细节，再利用这些细节作为**指引线索**，重构整体的记忆。研究人员把这个过程称作**"模式补全"**。

我经常用古生物学来比喻这个过程。

化石猎人们很少能发掘出一副完整的骨架。一般来说，只有一小部分骨架能被完整地保存在一处。为了构建出全部生物图像，古生物学家只能以几块骨头为线索，与之前掌握的知识和经验进行对比，进而拼出更大的化石。

预　测

　　位置布局深植于记忆之中的第二个原因是辅助预测。很长一段时间以来，研究人员都认为大脑是被动的接收器：信息通过感官进入人体，一路进入大脑，触发各式各样的应对反应。但现在我们知道，大脑并不是藏在后面观察世界的器官，而始终在积极预测将要发生什么事。当你看到"小草总是___"的时候，大脑会在眼睛扫到空白位置前进行预测，补全整句话。

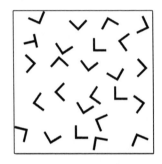 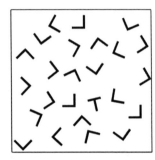

　　在一项简单的实验中，研究人员展示了几百张图片（如本页和第 63 页所示），要求被试者从一片 L 形中挑出藏在里面的 T 形。虽然每张图看起来都不一样，但研究人员特意让同一张图在其中反复出现。通常情况下，被试者完全意识不到有重复的图像，但这并不妨碍具备预测能力的大脑将它识别出来。仅仅经过几次重复，人们很快就能在重复的图像中更快找到 T 形，却完全意识不到背后的原因。

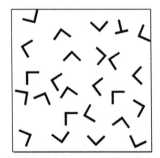 

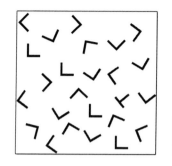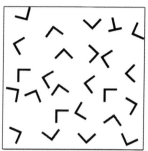

　　这就是为什么如今许多科学家将大脑视为一台先进的预测机。事实上，大脑这种努力领先现实一步进行预测的机制，能帮我们快速在不同环境中做出更符合现实的思想和行为选择。重要的是，大脑的预测几乎完全是基于我们以前的经验——记忆做出的。鉴于空间组织是记忆中不可或缺的部分，脑内地图不只是回忆过去的线索，也能预测未来。

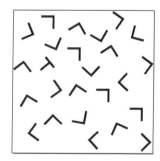

　　研究人员将此称为"情境暗示"。一言以蔽之，它证明了潜意识会在很大程度上记忆物理布局，绘制脑内地图，并利用地图进行预测，推动下一步的行为。如果外部世界和预测吻合，人们就会更快、更有效率地对相关情境做出反应。

可预测的布局的好处

想想你是怎样阅读本书前两章的。你翻开一页时，就知道页码会在角上，章节名会在页码旁边，文字是从左到右、从上到下排列的。我可以肯定，你绝没有花时间去记忆这种布局，而是在阅读了几页这种格式的文字后，下意识地预测接下来页面的样子。事实上，如果在你阅读前几章时观测你的大脑活动，你会发现海马的活动显著减少：这证明你的位置细胞安静了下来，因为它们已经把脑内地图绘制好了。只要每一页的新内容都符合预测，你就能比较迅速且轻松地读完这本书。

现在想想你是怎样阅读这一章的。当你翻开一页时，页面布局和你预测的完全不一样，这意味着你必须花时间精力去分析每一种新样式。事实上，如果在你阅读本章时观测你的大脑，你会发现海马的活动显著增多：这证明你的位置细胞正活跃地绘制着新的脑内地图，用来预测接下来的页面布局。

不幸的是，无法准确预测页面布局可能会影响你在阅读时的流畅度。这可能会使你感到当前内容与前文脱节，内容间的关联被削弱。但好的一面是，这一体验证明了可预测的空间布局的优势，以及不连续的空间排布会造成的负面影响。

我们将以此为总结：现在你已经了解了空间布局需要可

预测性的本质原因，接下来你可能会开始在很多地方发现这种现象。你是否注意过，大多数交通信号灯都安装在同一个高度？播报新闻时，小屏幕总在播音员同一侧肩膀上方？为什么体育比赛无论对阵双方是谁，统计数据总显示在屏幕上的同一个位置？这就是情境暗示的具体应用。你只要能准确地预测这些信息出现的位置，就能在解读它们时少花不少精力。

想象一下，如果所有路标的高度都不同，每次都要高高低低地寻找，开车会变成多么棘手的事啊！

对演讲者、教师和教练的启示

1. 保证所有幻灯片格式一致

在上面几章中，你已经知道去掉文本内容、添加相关图片可以提高学习效果。在本章结束后，你知道随意放置图片会让听众耗费更多精力理解内容，并要为每张幻灯片创建一张新的脑内地图。

考虑到情境暗示效应，我们要保证每张幻灯片的组织形式一致，更具体地说，就是要保证这一张幻灯片上的图片和关键字与下一张幻灯片上的摆放的位置一致，大小也相同（图 20），通过这种方式，听众可以快速并潜移默化地学习这种布局，形成预测能力，释放大脑资源，更深入地理解其他内容。事实上，我们对以相同布局呈现的内容的记忆效果会比那些随机出现、摆放位置不一致但内容相同的高出 35%。

所以，选好一个布局，坚持使用下去！

热点问题 1：

打破预期

"如果我打破了一致的布局会怎样？"

当空间布局和预测出现不匹配的时候，大脑会触发

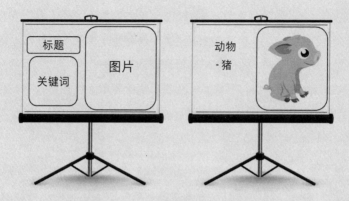

图 20　保持一致性可以节约大脑资源

图 21　打破一致性可以吸引注意力

一种被称为"失匹配负波"（mismatch negativity）的信号，自动强迫注意力集中到预测错误的地方。

例如，我想你对自己卧室的布置是有预测的。因此，如果有人偷偷溜进你的卧室，把你的床旋转90度，你再走进卧室时，注意力会条件反射地被这种变化吸引。

而重要的是，我们可以利用这种自动反应来促进学习。如果在演讲过程中，你想强调一个很重要的观点或概念，那么让听众集中注意力的一个方法就是故意打破他们预测的一致布局。办法很简单：在使用几张布局相同的幻灯片之后，你默认听众已经形成了预测，因此，你放出不符合预期样式的幻灯片时，会引发失匹配负波，让听众别无选择，自动集中精神去看你放在屏幕上的任何内容（图21）。

记住：这个策略只有在听众适应了当前的布局、形成预测后才有效。如果每张幻灯片的样式都不一样，听众就无法构建脑内地图，你也就无法达成打破预测的效果。因此，要谨慎使用这一技巧。

热点问题 2：

给信号

"还有哪些办法可以把听众的注意力引导到某些信息上？"

给信号是个简单到令人难以置信（相对它的低利用率而言）的办法。具体做法是通过突出特定区域来吸引听众注意力。例如，你租了一架尾部能喷出长长烟雾的飞机在天空中写情书。如果你想确保你的伴侣看到这条信息，只需要指着天空说："看那儿。"就是这么简单。而且与情境暗示（需要多次重复隐晦的信息）不同，给信号是明确的动作，可以立刻把人的注意力导向一个重要的区域。

在会议和演讲中，给信号的方式很简单，比如在展示的内容上勾勾画画，或是指向或圈出某特定内容。但你会发现，这么简单的方法人们却很少会用。事实上，下次你耗费精力解读复杂的图表，或是想知道目前讲到了讲义哪一页的内容时，可以回想一下这一点。

2. 保证讲义和文件格式一致

情境暗示可以（也应该）被用在讲义和其他文件上。如果你确定了一个可预测的格式，听众就会下意识地关注某处，快速、轻松地找到他们需要的信息。这样能够减少理解材料所需付出的努力，释放学习和记忆所需的认知资源（不过，请参考第 74 页的第 5 条，一条重要的警告）。

热点问题 3：

纸质版还是电子版

"哪个学习效果更好，读纸质材料还是电子材料？"

我很惊讶围绕这个话题竟然有如此大的争议。冒着激怒一部分读者的风险，我认为这个问题很值得讨论。

如果材料比较简短（不超过两页），纸质版和电子版没有太大区别。但如果材料不止几页，纸质版的效果总是优于电子版的。

这是因为纸质材料有着清晰而稳定的空间布局。也就是说，印刷品中的信息存在于一个明确不变的三维空间中。例如，如果你正在阅读这本书的纸质版，这句话永远都在这里。在这些书页化为灰烬之前，你总能在左页下方的位置看到现在你在读的文字。这个位置会成为你正在构筑的记忆的一部分，以及将来回忆这条信息时的线索。

而电子版缺乏这种静止不变的空间布局。比如，当你浏览这本书的 PDF 版时，这句话会出现在屏幕底部，然后来到中央，最后从顶部消失。如果没有信息出现的物理位置，你就无法利用空间布局引导今后的回忆。

为了解决这个问题，许多电子阅读器取消了滚动条，允许读者"翻阅"数字页面。这稍微好一些（这种格式的信息拥有了二维的位置），但仍然无法体现纸质品第三维的厚度。

尽管如此，PDF 和电子阅读器相对纸质材料还是有很多优势（可以改变字体大小、搜索关键字、夜间阅读有背光照明等）。因此，和纸质版相比，电子版的适用范围更广。但是，如果考虑到学习和记忆效果，纸质版仍然是理想的媒介。

---

3. 在设计网页和应用时使用一致的格式

网页设计的一种趋势是将内容按顺序列在一个好像永远拉不到头的页面上（需要一直下拉滚动条）。正如之前介绍过的，如果信息没有被固定在清晰、准确的位置上，我们对它的理解和记忆就会受到影响。因此，如果你做网站的目的是让用户更容易看到和更有效地学习和记忆内容，那么在网页中使用静态统一的格式能帮助用户下意识地掌握空间布局，并顺利找到自己想要的信息。

如果要使用滚动条呈现信息，有两种方法可以帮助用户提高学习效果：一是引入静态图像。如果每块内容都被固定在一张特殊的图片上，用户很有可能通过图片来定位和回忆这些信息。二是引入静态按钮或外围元素。有些网页上的菜单栏、链接和广告会随着屏幕不断滚动。但不幸的是，你可

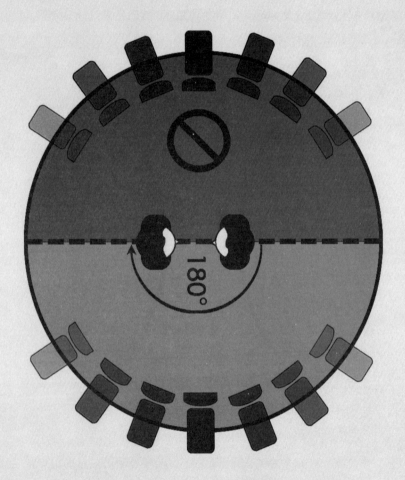

图 22 越轴现象——影视拍摄中的忌讳

能也已经猜到了，这些随着屏幕移动的内容无法被锚定在任何地方。因此，如果你能把这些元素固定在网页上，用户就有机会锚定它们，并在今后使用时回忆且找到相关内容。

这一点同样适用于应用程序界面。大多数智能手机上的图标尺寸都是一样的，以大致相同的布局排列在屏幕上。这样设计是有原因的：用户可以准确地知道能在哪里找到需要的应用（即便换了新手机）。这种一致性释放了大脑资源，让用户可以更多地与程序交互，而不仅仅是努力找到它们。

4．保证视频课程的视角一致

在电影和电视剧的拍摄中，有一种错误叫"越轴"（crossing the line，图 22）。简言之，场景中有两个或以上人物时，就会存在一条无形的 180 度轴线，决定了人物的运动轨迹要始终朝着同一个方向。影视从业者都清楚，摄影机一旦越过这条线，观众就会感到困惑和出戏。

也许最好的例子就是电视上的体育节目。在一场比赛中，所有的摄影机都会被架设在场地的一侧，这样球队就只会朝着一个方向移动（比如，红队总是从右向左跑），直到四分之一场休息或半场休息后交换场地。试想一下，如果比赛进行到一半，摄影机突然越轴，红队莫名其妙地开始从左向右跑，作为观众，你肯定会感到非常困惑，于是把所有注意力都放在搞清楚发生了什么事情上。你完全忘记了比赛，开始自问是不是错过了什么：现在是中场休息吗？是重播吗?

　　为保证观众观看视频的学习效果,要保持相同视角。摄影机越轴的次数越多,观众就越难预测视频走向,就要花更多精力去更新脑内地图。

5. 有时需要避免可预测的空间布局

　　虽然空间可预测性是提高学习效果和记忆水平的有效方法,但有时学习和记忆并非我们的主要目的。

　　例如,想象一下你在建筑工地工作,每次换班前都要填一份安全检查表。在这种情况下,你如果每天看到的都是同样格式的检查表,很快就不会再注意它的每一项,而是会凭惯性一个接一个勾选下去。我们在这种情况下最不希望看到的就是空间排布的高度可预测性导致我们想也不想地打钩。

　　因此,在使用这一技巧时,一定要清楚自己想要怎样的结果。如果有过度自信的问题,就要考虑经常调整格式。通过这种方式,你可以确保每个人都能集中注意力和认知资源来关注不断变化的布局。这虽然有可能影响记忆力,但可以帮助你达到学习以外的目的。

本章小结

可预测的空间布局可以释放大脑资源，促进学习和记忆。

- 海马是通向记忆的大门，其中布满了位置细胞。
- 位置细胞会将空间布局嵌入新形成的记忆中。
- 空间布局可以作为线索，帮助我们回忆学习内容或经历。
- 空间布局还可以用来做预测（这就是为什么可预测性可以帮助释放注意力资源，减少精力损耗）。

应　用

1. 保证所有幻灯片格式一致。
   - 打破一致性可以强迫听众集中注意力。
   - 指出重点信息可引导听众的注意力。
   - 讲解图表时指出重点信息格外重要。
2. 保证讲义和文件格式一致。
3. 在设计网页和应用时使用一致的格式。
4. 保持视频课程的视角一致。
5. 有时需要避免可预测的空间布局。

第四章

情境 / 状态

> 重要的不是你从哪里得到信息，而是你要将信息带往何处。
>
> ——法国导演让-吕克·戈达尔（Jean-Luc Godard）

10岁的时候，我见证了叔祖父穆尼的一项令人难以置信的高尔夫球技巧。

穆尼一辈子都住在一座白色墙板的房子里，有一片美国东海岸部分地区常见的宽敞后院。在后院草坪上的一个远角，有一座混凝土制成的焚化炉，大小和形状都和油桶差不多。

那一天，我坐在门廊上，看着他用一把旧铲子在房子旁边挖死树桩。把树桩挖出来后，他走向焚化炉，伸手进去拿出半打高尔夫球，随意地扔在草坪上。我以为他只是把球拿出来，好把树桩塞进去烧，但我错了。

穆尼走到最近的一个高尔夫球旁，瞄准了它，像挥舞高尔夫球杆一样将铲子挥到空中，完美地将它打进了焚化炉！然后他一个接一个地击球。无论球离得多远，也不论它们在草坪的什么位置，只要用铲子轻轻一挥，球就会飞入开口的水泥炉膛里。6次击球，6次完美的入洞。

我震惊了。我问他是怎么学会这种技巧的，他说在大萧条时期，他得想个新办法赚钱。他的想法是：学会用他父亲干活用的铲子——他手边唯一接近"球棍"的工具，将高尔夫球打进焚化炉。磨炼了球技之后，他开始邀请那些富有的高尔夫球手来打个小赌：他们挑选草坪上的任意地点，球手用他们自己的球杆，穆尼只用铲子，看谁能把球送到离焚化炉更近的地方。穆尼的赌注是5美分。随着时间过去，这个游戏流行开来，高尔夫球手们甚至连球场都不去了，而是直接到穆尼家，在他的后院里耗上一下午。

但有趣的是，有一天，一群高尔夫球手邀请穆尼去当地球场参加一场"官方"球赛。他们甚至让他带上了铲子。每个人都相信他会赢，因此你可以想象一下，当穆尼挥出第一杆时，他们震惊的样子——他打得糟透了。他不仅没有把球打进洞里，甚至连边儿都没挨上。在紧张之中，他又挥出了第二杆……又是一次失误。在10次挥杆中，他只有2次把球打上果岭。

到底发生了什么？为什么穆尼在自家后院能打中井盖大小的目标，到了球场却打不中一个泳池大小的目标呢？

情境依赖

在上一章中，我们讨论了"记忆之门"——海马。这章

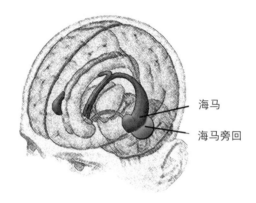

海马
海马旁回

图 23 海马旁回

对比

图 24 海马旁回如何处理环境信息

中，我们要把注意力集中于海马底部的一个小区域——"海马旁回"（parahippocampal gyrus，图 23）。这个小结构会持续不断地通过海马输送信息，也就是说，无论是什么信息，都要在这里被处理某一部分。那么海马旁回处理的是什么呢？

为了找到答案，研究人员向受试者展示了几十个日常物品的图像，要求他们记住尽可能多的物品，同时对他们的大脑进行扫描。这些图像的区别在于，有些物品的背景是空白的，而另一些被放置在真实的环境中。结果表明，只有那些被放置在真实环境中的物品出现时，海马旁回才会强烈地活跃起来，哪怕人们并没有刻意关注或试图记住环境信息（图 24）。

在上一章中我们了解到，位置细胞会自动将空间布局编码并嵌入记忆中，海马旁回则会自动对物体的环境信息进行编码并将其嵌入记忆中。此外，就像空间布局一样，环境信息也会成为线索，帮助我们重构记忆或预测未来。

也许最好的佐证是 20 世纪 70 年代的一项实验（图 25）。一组深海潜水员在水下 6 米的地方练习记忆一串词语。第二天，一半潜水员返回 6 米深的海里，另一半则留在陆地上。所有人都被要求回忆昨天记下的词语。你觉得会发生什么？

尽管没有人在记词语时刻意关注了蓝色的海水、五颜六色的珊瑚礁和周围的热带鱼，但这些信息依然被编码并嵌入了每个人的记忆中。因此，回到水里的潜水员能比陆地上的

学习

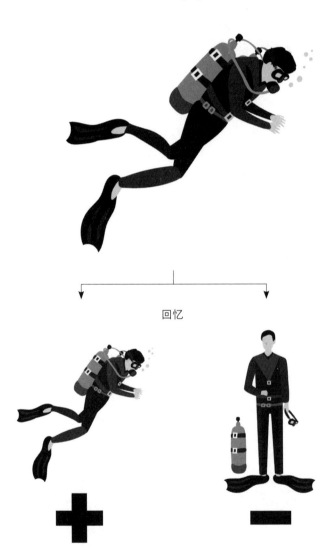

图 25　情境依赖记忆

潜水员多回忆起 35% 的词语。

环境包含的不仅有视觉特征，还有气味、声音、质地等特征。环境的这些"感官"特征被编码并嵌入了每一段记忆。现在，就在你读到这句话的时候，无论你的鼻子闻到了什么气味，耳朵听到了什么声音，皮肤感受到了怎样的质地，这些都会成为你对这句话的记忆的一部分，无论你是否真的注意到了这些感觉。

简言之，学习地点最终会成为学习效果不可分割的一部分。研究人员称之为"情境依赖学习"。这就是为什么在工作场所以外偶遇同事时我们会认不出他们，为什么某些气味可以触发鲜明的记忆，为什么回到童年的某个地方会让我们重拾早已遗忘的记忆片段。

状态依赖

除了外部环境，似乎还有另一个嵌入新记忆的维度：我们的内部环境。

为了理解这个概念，请试想下面的场景：

现在是周五晚上，你来到一家酒吧参加社交活动。和所有人一样，你不喜欢随便和陌生人聊天。为了鼓起勇气，你灌下几杯鸡尾酒……这样你就好开口了。

总体来说，这次进展很顺利。晚上你爬上床，看了

学习

回忆

图 26　状态依赖记忆

一遍拿到的一沓名片。有些人能给你带来工作机会，有些人能带来有望合作的项目，有些人则是可能的恋爱对象。你感到昏昏欲睡，但对未来的前景非常兴奋。

第二天早晨睁开眼时，你惊奇地发现已经不记得这些名片你分别是为什么拿的了。你能模糊地记住几个名字，但具体细节消失了。亚历克斯到底是可能的工作伙伴还是恋爱对象？杰罗姆是合作伙伴还是托你介绍工作的人？

真是一场灾难。

我希望你来考虑一下这个问题：为了唤醒记忆，想起这些名片到底是做什么的，你可以采取哪些有效的行动？

答案是：喝一杯！你在收名片的时候处于醉酒状态，那么就可以用喝醉为线索指导自己重建相关记忆（图26）。事实上，这样的故事就曾出现在19世纪的一本生理学教科书中。在那个故事里，有个爱尔兰邮递员午餐时放纵自己喝了酒，于是在醉酒状态下，他不小心把一个昂贵的包裹送错了地方。第二天清醒时，他已经不记得把包裹丢在哪里了——但那天下午他又喝醉了，竟然直接走到了送错包裹的地方。人们发现，咖啡因、尼古丁、大麻、迷幻剂、兴奋剂和镇静剂都会造成类似问题。

除了药物以外，这种效果也与情绪有关。我们在快乐、悲伤、愤怒、恐惧或厌恶时形成的记忆都会被注入与之相匹配的情绪。未来处于类似情绪状态下的时候，我们更容易唤起记忆。

这就是为什么军事训练中（包括在极大的压力下进行的演习），士兵们不太可能在周日慵懒地躺在泳池边喝着玛格丽特施展格斗技巧，而更可能在高压和瞬息万变的环境中应用这些技能。因此，军事训练需要保证士兵处于这样的心理状态之下，毕竟未来他们极可能在同等状态下执行任务。

简言之，我们的感受成了学习过程中不可分割的一部分。研究人员称之为"状态依赖学习"，这就是为什么有时我们不喝三杯拿铁就不能顺利进入工作状态，为什么有时无法长期从事一个项目，为什么在高压环境下我们会把最简单的任务搞砸。

寻求脱钩

现在，你可能感到有些怀疑。

当然，你在超市的冷冻食品货架旁遇到财务部的芭芭拉时可能认不出她，但在电影院里遇到销售部的丹尼斯时却毫不犹豫地认出了他。你在充满压力的董事会议上可能回忆不起悠闲假期中的细节，但你坐在一场平和的晚宴上讨论起那次在飞机上遭遇气流的可怕经历，一切却历历在目。

显然，如果我们学到的东西永远与特定环境挂钩，那我们什么都做不成；每次离开家，我们都要不断重新学习相同的概念。也就是说，我们必须经历一个让信息与特定情境脱钩的过程，从而让它能在任何场景中发挥作用。

确实存在这样的过程。秘诀在于"多样性"。

情景记忆和语义记忆

为说明这一点，我们需要进一步挖掘记忆。我们在上一章中"每日新闻"的部分读到，陈述性记忆是我们记住具体事实或事件的能力。事实证明，陈述性记忆有两种截然不同的形式：情景性的（episodic）和语义性的（semantic）。

情景记忆是对那些与特定时间和地点相关的事实或事件的记忆。例如，我记得在我侄女 5 岁生日的那天下午，我把她的冰激凌蛋糕打翻在厨房的地板上。相反，语义记忆是与特定时间和地点无关的记忆。例如，我知道"生日"这个词指的是一个人的出生纪念日。

以下属于情景记忆还是语义记忆？

---

1. 去年我走过某个院子的时候，院子里的一条狗咬了我的脚踝。

2. 狗一般有 4 条腿。

3. 2000 年时，我在堪培拉的一家酿酒厂打碎了一瓶葡萄酒。

4. 堪培拉是澳大利亚的首都。

5. 我的朋友简和约翰上周来我工作的地方看我。

6. 简和约翰是两个常见的名字，常被用作化名以掩盖真实身份。

答案：

错误；没有；错误；没有；错误；没有

每次学习新内容时，这些内容都会与学习时的特定情景产生紧密关联。换句话说，所有的新记忆都是从情景记忆开始的。但是，当我们一次次在完全不同的情景中与相同的内容重逢后，这些内容便可以脱离特定的情景，成为独立的事实。换句话说，当内容在不同场景中反复出现，它便会变成语义记忆。

举个例子，想象一个孩子在 4 个完全不同的环境中进行了 4 次不同的数学练习：在教室里、图书馆中、家里和体育课上。在每个场景下都形成了一段独特的情景记忆，其中包含相关情境和状态的细节。

最终，这个孩子会对不同的情景记忆进行对比，提炼出记忆中的共同特征，并用这些相似性构建一段全新、独立的语义记忆（图 27）。在这种情况下，数学本身是唯一的共同点，于是她的语义记忆可能会是"数学是一项独立的技能，可以在任何环境中运用"。

不幸的是，同样的过程也可能产生反效果。想象一下，同一个孩子进行了同样的 4 次练习，只不过每次都在教室里，

情景

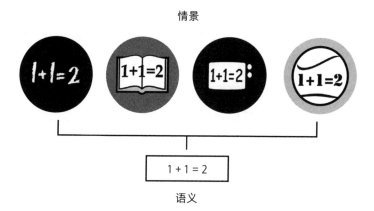

图 27 语义记忆提炼出所有相关情景记忆中的共同点

情景

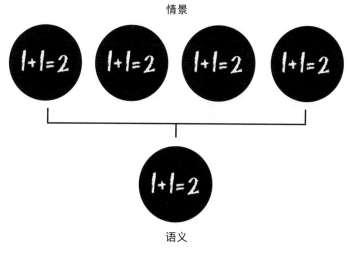

语义

图 28 语义记忆加深了情景和状态依赖

也就是说，每次都在相同的环境中。和前面一样，每次练习都会形成一段独特的情景记忆，而最终这些情景记忆会通过相互对比被提炼出共性。然而，由于这些记忆在各个方面几乎都是相似的，她的语义记忆可能会是"数学是一种技能，只能在特定的教室里的一块特殊的黑板上运用"。这些额外的细节只起到了加深情境和状态依赖的作用，使在不同情境中应用这些数学技巧变得更加困难（图 28）。

回到引言的部分，这就是为什么我的叔祖父穆尼来到真正的高尔夫球场上后表现很糟糕。他只在一个地方练习过，因此构建的语义记忆可能是"打球就是在后院用旧铲子和混凝土焚化炉完成的运动"。如果他能在不同的场合练习，瞄准不同的目标，或是偶尔把铲子换成耙，也许他就能从不同的情境中掌握关键的击球技巧，并在正式比赛中有良好的表现。

主场优势的消失

因此，我们可以这样总结：

- 如果我们只在一个地点或一种环境中学习、训练或实践，学习的内容会与这个特定的地点或环境紧密相关。出于这个原因，我们可以预测自己以后在这种环境中会表现良好，但在其他环境中则会表现不佳。

- 我们如果切换多个地点或环境进行学习、训练或实践，学习的内容便可以与特定的地点或环境脱钩。出于这个原因，我们可以预测自己以后在不同情境中都会有很好的表现（即便是在从未接触过的环境中）。

也许这些道理在现实世界中最好的例子要看体育运动了。"主场优势"指的是球队在主场比赛时，表现会有所提升。有趣的是，虽然几乎所有运动中都存在主场优势，但它的影响其实很小，除了在俱乐部新成立之时。任何新球队成立后的两到三年中，主场优势的影响都会相当大。这是为什么？

问题不在于一般性的技能（我们可以假设运动员都达到了不错的水平），更确切地说，是在于一种团队特有的技能。新球队刚成立时，运动员需要学会与素昧平生的队友配合，打从未打过的比赛，信任素不相识的教练团队。重要的是，团队的这些特定的学习过程发生在特定的场地上。

球队每周都在相同的环境中训练这些技能，因此逐渐产生了情境和状态依赖。体育场的布局、场地的大小、球场周围的广告、空气质量和当地的饮食都会与球队的特定技能产生关联，从而造成了比赛中强大的主场优势。

但是，在多个不同的客场比赛几年后，球队的技能就会与特定场地脱钩。最终，主场优势逐渐消失，球队在大多数环境和体育场上有了相同的表现。

对演讲者、教师和教练的启示

1. 只有一次实战时，使训练环境与实战环境保持一致

在高中体育馆举行期末考试。

在主会议室进行年终汇报。

在本地剧院进行重要试镜。

当实战有确定的时间、地点和环境时，最好（尽可能）使训练环境与实战环境一致。例如，如果要在一个有红色墙壁的房间里演讲，那么就在一间有红色墙壁的房间里做准备。这样，只有相关的情境信息（红色墙壁）会被嵌入新的记忆中。最终，当需要进行实战时，环境（红色墙壁）会成为线索，帮助你更轻松地找到并运用相关记忆。

多项研究表明，在训练场比赛的球员和在学习时使用的教室考试的学生的成绩都会略高一筹。所以，从穆尼叔祖父的故事中我们可以总结出一点：在将进行实战的场地训练吧。

2. 需要在不同环境下实战时，在多种环境中训练

就任何话题写一篇具有说服力的文章。

向多位客户推销产品。

开展世界巡回演出。

如果实战的环境多种多样，或是情况不明，最好在尽可

能多样化的环境中进行训练。在拥挤的房间与空旷的房间，在私人空间与公共空间，在小场地与大场地中训练。你在训练中遇到的变化越多，从特定环境中提炼出的认知和技能就越多，在未知环境中回想和调取相关的记忆也就更容易。

多项研究表明，在不同环境中接受培训的员工、在不同地点学习的学生以及在不同场地训练的运动员，在面对新环境时的表现都会略高一筹。我们又可以从穆尼叔祖父的故事中总结出一点：如果需要在各种情境下展示自己的技能，就在各种地点训练吧。

热点问题 1：
数　量

"我们要遇到新概念多少次才能掌握它？"

很不幸，这个问题没有确切的答案。有时你只接触新概念一次就可以掌握它（想想假如你不小心碰到滚烫的熨斗），而有时即便遇到几十次也学不会（你能记住欧洲的所有国家吗）。此外，我们掌握新概念的速度很大程度上取决于我们已知的概念。例如，如果我想学习一门新语言，只为掌握基本规则就要进行大量的接触和练习。但是，一旦掌握了基础词汇，学习新词组就会变得越来越容易、迅速，因为有了坚实的基础，可以用来链接每一个新知识点。

　　基于此，就产生了一个经验法则：研究人员能够根据人们遇到特定概念并与之互动的次数预测他们能否掌握它，准确率可达 80%~85%。那些只接触过新概念一两次的人一般记不住它，而接触过 3 次以上的人通常都能记住。

　　这样一来你可能会认为，只要简单重复 3 次，就一定记得住。但不幸的是，事实并非如此。想想在无数个电台广告中，一个电话号码会被连续重复 3 次，然而我很怀疑你能记住几个数字。单纯重复是不够的。为了学习一个概念，每次接触都需要是刻意且目的明确。如果在接触信息时没有刻意进行思考和 / 或与其互动，你永远都无法掌握它。

热点问题 2：

存储记忆

　　　　"一旦形成了语义记忆，情景记忆会怎样？"

　　好消息是，什么都不会发生！情景记忆是构成语义记忆的基础，但这并不意味着一旦语义记忆形成，我们就无法找回情景记忆。事实上，这两种不同类型的记忆并行工作，相互指引。

举个例子：1997年，戴安娜王妃在巴黎的隧道内遭遇车祸后去世。你可能会将这条独立的信息存储在非情景性的语义记忆中。然而，当你读到这条消息时，有没有想到第一次听到这个悲剧的时候自己在哪里，有什么感受？在这种情况下，语义记忆能够成为你导出情景记忆的线索。

现在：回想一下参加高中毕业考试时的感受。当你调取这段情景记忆的时候，有没有发现还有其他信息跳了出来？也许你一瞬间想到了自己最后的分数、上过的大学以及一生中参加过的大量考试。在这种情况下，情景记忆能够帮你导出语义记忆。

---

3. 利用感官调取记忆

如果在学习的过程中，我们看到、听到、尝到、闻到、感觉到了一些东西，它们也会成为新记忆的一部分。这意味着我们可以利用感官来提升表现。

可能的方法是多种多样的。如果你在训练过程中嚼了一种特殊口味的口香糖，那么你也可以在实战时嚼同样的口香糖来帮助自己更轻松地调取相关记忆。如果你在训练时穿了一件特别软的衣服，那么你也可以在实战时穿同样的衣服来帮助自己更轻松地调取相关记忆。如果你在训练时使用了一支特定的笔，闻过某种空气清新剂，哼过一段特殊的旋律……这些简单的、几乎是潜意识的感官提示都可以用来帮助你在日后调取记忆。

热点问题 3：
音　乐

"在学习时听音乐是会促进还是妨碍学习？"

答案完全取决于怎样利用音乐。

为了说明这一点，我们来快速解释一下"随机共振"（stochastic resonance）的概念。这个术语听起来很吓人，实际却很容易理解。本质上，随机共振指的是给刺激添加噪声能使刺激更容易被感知。看看图 29 最上面的图片。你也许能看出是什么，但过程比较费劲——画面比较模糊，有些难以辨认。

现在来看中间的图片，看看在我们叠加了一层噪点后会发生什么（在这个例子中，噪点指的是你会在老式电视上看到的那种）。令人难以置信的是，添加噪点反而使图片更容易理解了。

当然，如果叠加一层噪点可以提高清晰度，那么叠加多层噪点应该会让图片更加清晰，对吗？事实证明，正如你所看到的，当我们叠加的噪点太多时，图像质量

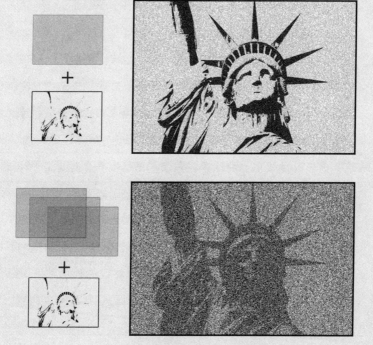

图 29 噪点可以增强刺激……但不要过火!

会降低，再次变得难以理解。

这和边听音乐边学习有什么关系呢？

你可能已经猜到，音乐就是大脑内部产生随机共振的来源。音乐进入耳朵后，就会触发脑内特定区域的反应。这些反应模式可以通过注意力网产生共鸣，从而使你更容易集中精力理解相关内容。

然而，有两个重点需要你牢记：首先，每个人的阈值是不同的。这意味着不存在适用于所有人的"正确"音乐。对某些人完美的噪声量，对另一些人不是太少就是太多。这就是为什么有些人可以在喧闹的咖啡馆里学习，而有些人需要去安静的图书馆。其次，音乐只有在作为噪声时才会引发随机共振。这意味着这段音乐始终在你的预料之内，你要确保不会把注意力分给它。一旦音乐开始吸引你的注意，它就不再是噪声，而成了一种信号（会让你在其上投放注意力，远离学习）。

这并不是说音乐必须单调、枯燥，而是只要不出乎你的预料就可以。比如，你播放一张已经听过几百遍的专辑，那么它肯定会成为背景噪声。但如果你把 iPod 设定为随机播放状态，每隔三四分钟就会播放一首你意想不到的歌曲，那么音乐就会变成信号，吸走你的注意力，削弱学习效果。

热点问题 4：
古典音乐

"听莫扎特会让我头脑更敏捷吗？"

不会。

4．利用情境依赖效应帮助他人识别信息

你如果想帮他人迅速而轻易地辨识出一条信息（无论是公司名字、某种产品还是关键概念），就要保证你在信息周围设置了清晰、一致的情境元素。你已经了解，即使人们从来没有关注过这些元素，它们也会与他们掌握的信息交织，可以成为将来触发回忆的指引线索。

一致的标志、配色方案、网页布局、音乐铃声、旁白声线、商品形式等情境元素不会取代具体学习过程（人们仍然必须在与你的公司、产品或概念接触后才能形成记忆），但可以作为线索，在今后辅助他们进行识别和回忆。

5．在学习时当心状态依赖

一般来说，人们都会拖延到实战前的最后一天才做准备工作（根据调查，99% 的学生承认自己只在考试前一晚学

习……剩下 1% 的学生说谎了）。这种做法通常还伴随着咖啡因、尼古丁、酒精和垃圾食品等的摄入。

正如我们在前文中看到的，这些化学物质会成为记忆的一部分。因此，人们回到摄入这些物质前的神志清醒的状态时，就失去了学习过程中出现的化学物质，记忆力和表现都会明显下降。

我不是你妈，不会向你唠叨不能碰上面那些化学物质。我想说的是，我们需要意识到状态依赖这个问题。如果你在练习过程中处在特殊的状态下，那么在实战时也要还原这种状态。相反，你如果知道自己会在某种特殊状态下实战（比如在喝过鸡尾酒、吃过晚餐后），那么在准备过程中就应当模拟这种状态。

本章小结

我们在哪里练习，以及练习过程中有什么感受，是练习内容的一个组成部分。

- 外部环境（物理和感官）会融入新记忆（情境依赖）。
- 内部环境（化学物质和情绪）会融入新记忆（状态依赖）。
- 情景记忆是关于特定时间和地点的记忆。
- 语义记忆是通过提炼情景记忆中具有共性的内容形成的。

应 用

1. 只有一次实战时，使训练环境与实战环境保持一致。
2. 需要在不同环境下实战时，在多种环境中训练。
   - 一般来说，想掌握一项信息（形成语义记忆），需要 3 次接触。
   - 语义记忆不会替代情景记忆。
3. 利用感官调取记忆。
   - 作为噪声的音乐能集中注意力，促进学习。
   - 成为信号的音乐会分散注意力，干扰学习。
   - 古典音乐对提高记忆力和智商没有帮助……很抱歉。
4. 利用情境依赖效应帮助他人识别信息。
5. 在学习时当心状态依赖。

中场休息 2

请花大约15秒时间来研究和欣赏这张过去的成人教育海报。

第五章

多任务处理

如果一个人能在接吻的同时开好车，那这个吻一定心不在焉。

——佚名

让我们用一个小游戏来开始这一章。为了玩这个游戏，你需要准备纸笔以及计时器。

第一轮

在本轮中，你的目标是在 10 秒内完成 2 个不同的任务。

1. 把纸分成左右 2 栏。

2. 把计时器设定为 10 秒。

3. 开始后，用最快的速度在左栏写出字母表前 12 个字母（从 A 到 L）。

4. 写完后，用最快的速度在右栏写出前 12 个数字。

看看自己能否在 10 秒内写完这 24 个字母和数字。

预备……开始！

我猜你能在 10 秒内写完，甚至在计时结束前就早早完成了。现在我们再来玩一次，只不过调整一个细节。

第二轮

在本轮中，你的目标是完成与第一轮相同的 2 个任务——只是这次你需要在 2 栏间交替书写。

1. 把纸分成左右 2 栏。

2. 把计时器设定为 10 秒。

3. 开始后，在左栏写下第一个字母（A），然后在右栏写下第一个数字（1），再在左栏写下第二个字母（B），在右侧写下第二个数字（2），以此类推。

同样，看看自己能否在 10 秒内写完这 24 个字母和数字。

预备……开始！

大多数人只能写完 2/3 的字母和数字。更重要的是，即使这个任务并不是特别困难，你也会发现自己有些慌乱，开始出错，可能会写重复，或者需要在脑海中默背字母表才能想起下一个是什么。

那么，到底发生了什么？为什么第二轮比第一轮困难这么多？

注意力过滤器

世界是混乱的。

当我写下这段话的时候，我正坐在一个拥挤的咖啡馆里，有数十个顾客从我桌边经过，意式浓缩咖啡机在我耳边嘶嘶作响，两个女孩在激烈地讨论着一个叫查德的家伙参加的课外活动。即便在这些干扰下，人们依然可以完成各种事，这称得上一个奇迹。不知为什么，我们能屏蔽掉所有的混乱信息，回到当下对我们有意义的影像、声音、味道、气味和感受中。

这就是注意力的力量。

也许理解注意力工作原理的最简单的方法就是把它想象成一个过滤器。就像我们小时候戴过的只允许特定波长的光进入眼睛的 3D 眼镜一样，注意力只允许对我们有意义的信息进入意识，而会屏蔽无关信息。正如我们在上一章了解的，无关信息依然会被纳入记忆（情境和状态依赖），只是我们不会有意识地对它们进行处理。

这就引出了一个重要的问题：是什么决定了哪些信息对我们有意义？答案会随着我们从事的具体工作变化。就像桌游一样，我们从事的每件任务，无论是写电子邮件、算账还是遛狗，都有一套独特的规则，确定了这件任务想"成功"需要采取哪些行动。例如，为了读懂眼前的这些句子，你的阅读规则要求你的眼睛从左到右逐行移动，在读完一句前记住每个词，还要用手指翻动书页，等等。

在我们工作时，相关规则需要被加载到大脑中一个被称为"侧前额皮质"（lateral prefrontal cortex，LatPFC）的小区域（图 30）。LatPFC 会根据加载规则的特性来判断哪些信息相关，哪些信息无关。例如，现在被加载进 LatPFC 的是阅读规则，于是你的注意力过滤器会进行相应调整，使得眼前这些黑色的线条进入意识，而触摸书页时手指的感受、页面底部的章节标题以及周围的噪声等信息则被屏蔽了。

我经常把这个过程比作 20 世纪 80 年代时兴的老式电子游戏系统（图 31）。每个游戏（任务）都有自己独特的人物、控制方式和目标（规则集）。你想玩某个游戏的时候，必须把相关的游戏卡插进机器（LatPFC）。游戏加载完毕，屏幕上的像素就会显示出主角、反派和要使用的武器等（注意力过滤器的作用）。

谁说了算

我们继续用电子游戏做类比。那么是谁选择当下玩哪个游戏呢？

最主要的选择者当然是你。我们可以通过一个叫"背侧注意网络"（dorsal attention network）的大脑系统，根据个人目标、欲望和意图来选择规则。现在你选择读这些文字时，背侧注意网络会将阅读规则集加载到 LatPFC，并设置相

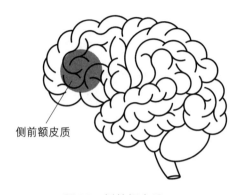

图 30 侧前额皮质

规则集

侧前额皮质

注意力过滤器

图 31 一次只能插一个规则集

应的注意力过滤器。

但试想一下，如果此时有一头愤怒的熊咆哮着向你扑来会怎样。实际上，这头熊与你选择的阅读目标无关，理应被过滤器屏蔽，你永远不该意识到它的存在。显然，事实并非如此。如果一头熊突然出现，我猜在本书落地前你已经冲出门去了。这意味着大脑中一定存在第二个选择器。

它确实存在。

这个在背后监视的系统叫"腹侧注意网络"（ventral attention network），它始终（在潜意识中）监控着被注意力过滤器屏蔽的所有无关信息。如果有令人震惊或意料之外的事发生，比如一头熊向你扑来，这个辅助系统会自主启动，加载一套新规则（"熊口逃生"规则集），并对注意力过滤器进行相应的修改。

一种将这两个系统概念化的简单方法是，想象一辆用于学习驾驶的汽车，车里有两个不同的方向盘（图32）。大多数时候，汽车是由学车的人（背侧注意网络）控制的，他们专注于以特定的方式移动和转弯。但始终保持警惕的教练（腹侧注意网络）安静地坐在一旁，时刻注意着环境，一旦有危险发生，便会随时控制局面。

不是一心多用，是任务切换

回想一下第一章，我们了解到，在听别人讲话的同时阅读会导致我们进入信息处理的瓶颈。事实证明，我们在这里遇到的问题是相同的。就像电子游戏机一样，背侧注意网络一次只能插一本规则集。

换句话说：多任务处理是不可能实现的。

等一下——你一边写电子邮件一边上网，一边参加会议一边发短信，一边阅读一边在社交网络上发状态……这些不都是一心多用的例子吗？

令人惊讶的是，这些实际上都不算一心多用。

虽然我们经常自认为能同时处理多项工作，但实际上我们从来没有真的同时处理过多项工作。相反，我们是在工作之间来回切换，每次切换时都要在 LatPFC 里插拔规则集。研究人员称之为"任务切换"（task-switching）。这个过程很像用同一台电视机收看两个不同的节目：当然，你可以快速调台，但你一次只能看一个。

为什么这点很重要？事实证明，在多个工作间跳来跳去主要会增加 3 类成本。

成本 1：时间

任务切换并不是瞬时完成的。当我们从一个任务跳到另一个任务时，过滤器的更新会让注意力暂时"关闭"。研究人员将这段时间称为"注意瞬脱"（attentional blink）。它本质上是一种感官盲区：所有处理外部信息的有意识行为都停止了。

虽然注意瞬脱的周期相对较短（0.1～0.2秒），但每次切换任务时都会经历这个过程。因此，随着切换任务的频次增加，我们在这片感官盲区花费的时间也在增加。回想一下本章开头的游戏，这就是你在第一轮（一心一用）比在第二轮（一心多用）能完成更多任务的原因。

成本 2：准确性

任务切换并不是一个无缝衔接的过程。当我们从一个任务跳到另一个任务的时候，两个规则集会在短期内产生混合。研究人员称这种现象为"心理不应期"（psychological refractory period）。在这段时间内，整体表现会受到影响。

你有没有试过在聊天的时候写电子邮件，一不小心把想说出口的话打了出来？你是否有过在早晨匆匆忙忙准备去上班，不小心把咖啡倒进了麦片碗的经历？你是否有过在写字母和数字之间来回切换（比如本章开头的游戏），一不小心把数字写错顺序的经历？这就是心理不应期在起作用。

成本 3：记忆

读到这里，你每次听到"记忆"这个词，应该会立刻想起一个脑区：海马。有趣的是，在任务切换的过程中，海马的活跃度会降低。这意味着一心多用会对记忆的成型产生负面影响。

更糟的是，在切换任务的过程中，纹状体（图33）的活动

腹侧   背侧

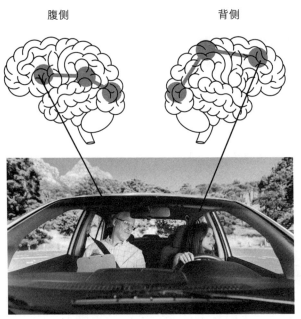

图 32   背侧与腹侧注意网络

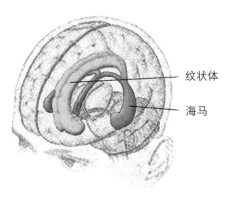

图 33   纹状体

增加了。这是大脑下意识处理反射性和重复性技能（比如走路）的区域。这意味着，在一心多用过程中学到的东西往往会变成一种习惯性程序被存储起来，会对未来有意识调取和处理这段信息造成困难（试试描述你在走路时都进行了哪些具体的肌肉运动）。

现实世界中的任务切换

试想一下，你正在开车，突然一头鹿冲到了车前。你觉得自己需要多长时间才能做出反应？如果你当时专注于开车，只需 1 秒钟就能认出这是一头鹿并猛踩制动踏板。

有趣的是，如果你喝醉了，反应时间会增加到约 1.15 秒。酒精抑制了感官反应，降低了人们对世界的认知和反应速度。在美国，每年由此导致的交通事故约有 27.5 万起：大约每 2 分钟发生一起。

可怕的是，如果你一边开车一边收发消息，大约需要 1.3 秒才能踩下制动踏板。由于注意力要在手机和道路之间来回切换，你必须每次都更新自己的规则集。这个过程需要的时间是酒精造成的反应延迟时间的 2 倍。在美国，每年由此导致的交通事故约有 160 万起：大约每 20 秒发生一起。

越分心越糟糕

如果要从 0（特别糟糕）到 10（非常厉害）给自己一心

多用的能力打分，你会打多少？

你可能很难相信这点：给自己一心多用的能力打的分越高，实际能力越差。研究人员发现，那些认为自己擅长一心多用的人很难意识到，自己在两个任务间来回切换时的表现有多糟糕。

此外，"熟能生巧"对一心多用几乎不构成影响。事实上，经常在多个任务间来回切换的人，比很少切换的人表现更差。更糟的是，频繁切换任务会增强人们对自己任务切换能力的信心，会导致一心多用的变本加厉，并导致信心继续增强……这样恶性循环下去。

公平地说，如果你经常在两个任务（比如写电子邮件和发消息）之间来回切换，切换需要的时间会慢慢减少。但不幸的是，这并不意味着你"一心多用"的能力也提升了，可以缩短在其他任务之间切换需要的时间。事实上，正如我们在上面看到的，在写电子邮件和发消息间切换的能力的提升源于纹状体形成了惯性。这是一种潜意识技能，但很难在切换其他任务时调取与应用。

一心多用超能力者存在吗

一则警告：读到下面的内容时，你可能会说"我就是这样啊"，但实际上，在每 100 个阅读本书的人中可能只会有 1 个符合这个标准，连耳朵上方有一个小洞——被认为是远古鱼类祖先的鳃的残留物（耳前窦道）、头上有两个独立且方向相反的旋（双发旋）、能把拇指向后掰到靠近手腕（关节过度活动性）的人的比例都比这高。

在 2010 年的一项关于一心多用的研究中，研究人员要求受试者一边模拟驾驶一边记忆单词，并心算数学题。在 200 名受试者中，绝大多数人的表现如预期中糟糕。他们的反应速度降低了近 20%，记忆力和数学运算能力分别下降了 30% 和 10%。

有趣的是，其中有 5 个人没有任何变化！这些人的反应速度没有减慢，记忆力和数学运算能力也没有下降，就好像他们根本没有进行多任务处理一样。

进一步的研究表明，存在一小部分"一心多用超能力者"。和普通人一样，他们也不可能同时完成两个任务，但他们能以极快的速度切换规则集。这种能力缩短了注意瞬脱的时间，使他们能快速理清规则集混合的部分，减小心理不应期的影响。

正如上面提到的，一心多用超能力者相当罕见，我不会指望自己是其中一员。但如果你想看看自己是不是，可以在网上搜索一心多用超能力者测试。即使事实证明你和大家一样都是普通人，这些测试也有助于向你证明一心多用是多么困难，有多大的害处。

对演讲者、教师和教练的启示

1. 不要一心多用

这很简单：在学习中，你如果希望在省力的同时提高效率，就不要主动引导学习者一心多用。你每次提到参考网站、分发练习题或是在学习过程中展示复杂的图表，都会引导学习者一心多用，影响其理解力、注意力和最终学习效果。为了避免这种情况，我们必须确保每个学习任务都有明确的重点，有循序渐进的轨迹（见下面的第 2 点），给学习者留出投入和完成的时间。

此外，要求学习者关闭电子邮箱，收起智能手机，授课时间只能打开一个互联网页面。这虽然可能引起一些抱怨，但专注于单一任务时，学习者掌握知识更快，表现得更好，记住的也更多。

热点问题 1：
走路和说话

"如果一心多用不可能，为什么我可以一边走路一边嚼口香糖？"

好问题！

事实上，我们每天都在同时处理多项任务。我们一边吃饭一边聊天，一边洗澡一边唱歌，一边慢跑一边思考工作。

有趣的是，你如果仔细观察就会发现，上面每个例子里都有一种由纹状体控制的习惯性动作。这是因为你已经熟练掌握吃饭、洗澡和跑步的技能，可以不动脑地完成这些任务。这意味着只要两项任务中的一项是自动的，不需要有意识思考，我们就可以同时完成它们。

话虽如此，你是否曾因为聊得太过投入而忘了吃饭？是否曾因为沉迷于某首歌而心不在焉地洗了两次头？是否曾因为纠结某个念头而在跑步中被绊倒？

即使一项任务是习惯性动作，我们也不能保证处理得多高效。规则集、过滤器和目标仍然有可能混在一起，影响反应速度、表现和记忆水平。此外，在过了一定年龄后，即便是一边走路一边说话这样的自动任务也会开始相互干扰（这就是为什么许多老年人聊天时会站着不动）。

因此，一边走路一边嚼口香糖当然可以，它并不违背一心不能多用的原理。

热点问题 2：

性别之争（第一部分）

"女性比男性更擅长一心多用……吧？"

有很多研究探讨过这个问题，结果到处都是：有时女性表现得更好，有时男性表现得更好，有时根本没有区别。

如果研究结果如此混乱，通常答案很简单：个体差异。从这一点出发，某种性别比另一种性别更擅长一心多用的可能性很小。更有可能的是，无论是什么性别，总有一些人比另一些人更擅长一心多用。当然，我说"擅长"指的是"不那么糟糕"。除少数一心多用超能力者之外，所有人在分心后效率都会受到影响。

热点问题 3：

记忆抹除

"有时我走进一个房间，却突然发现忘了为什么要进来。这是怎么回事？"

正如我们之前了解的，腹侧注意网络注意到威胁后，会自动放弃当前的规则集。当这种情况发生时，任何尚未通过海马的信息都会被立刻抹去。就好像你读这本书时每翻过一页，就会忘记在上一页读过的最后一句话。研究人员将这一瞬间称为"事件模型清除"（event-model purge），或更常见的"记忆抹除"（mind wipe）。

当一头饥饿的熊靠近时，记忆抹除的过程是有意义的（当生命突然受到威胁，谁在乎刚才在想什么呢），但为什么我们走进一个房间时也会发生这种事呢？事实证明，腹侧注意网络有时也会将门解读为威胁。虽然没人知道为什么会发生这种事，但人们普遍认为，当门框在眼前快速闪过时，人会感觉到危险，规则集重置，刚刚思考的内容全部被抹除。这就是所谓的"门口效应"（doorway effect）。同样的效应也会发生在我们打开冰箱的时候：当冰箱门从眼前划过，我们会突然忘记自己打算拿出什么。

幸运的是，我们如果回到原来的房间（或者关上冰箱门），就可以通过空间、环境或状态的线索找回最初的思路，回忆起最初的意图。

---

2. 把复杂的任务分解成小块

面对一项长期、复杂的任务时，多数人会把关注点直接放在最后的结果上。不幸的是，如果有一个远在未来的单一目标（或者说远端目标），人们会更倾向于一心多用，反而拖慢了进度，降低了效率，削弱了自己对技能和能力的信心。

如果将大任务分解成小的、离散的步骤（或者说近端目标），你就更可能按部就班、更有效率地完成任务。事实证明，除了减少一心多用的情况以外，设定小目标更有可能让你快速实现大目标，提高效率，增强信心，深化学习效果。

在考虑当前的小目标时，有一个问题需要牢记：难度。如果小目标因为要求太高而无法完成（比如1小时内写1000字），会让你感到无力，促使你放弃。相反，如果小目标太容易，不需要真正努力就能完成（比如1小时内写10个字），会让你感到毫无意义，降低你的创造力和表现水平。

因此，在把大项目切割成小部分时，要牢记"金发姑娘原则"（Goldilocks principle）：别太难，也别太简单——最重要的是让难度和需要花费的时间达到比较平衡的水准。

3. 只在必须使用数码产品时才使用

很多人都在不分青红皂白地使用数码产品。每个学生都有一台笔记本电脑，每堂课都要在网上进行，每次讨论都要发布在校内论坛上。大家似乎认为，"如果有一台电脑在那儿，我就一定学到东西了"。

不幸的是，这种观点根本不正确。一般来说，在学习中使用数码产品的人比不使用的人学到的东西更少。

　　这主要是因为，数码产品在鼓励人们一心多用。事实上，这一点已经深入大多数程序的结构：智能手机可以同时运行几十个应用，笔记本电脑会在屏幕上显示多个窗口，社交网络能同时开启多个对话窗。因此，如果你选择了一种数码产品来辅助学习，一定要确保关闭所有后台程序，这样你才会专注于手头的任务。

　　此外，只有在必须使用数码产品时才使用它。有个很好的判断方法：如果能使用传统的书本和学习工具，一定用传统的。抛弃不必要的科技，可以避免一心多用的诱惑，让你集中注意力，提升学习效果。

　　但是，如果学习不是你最终的目标，那么这些讨论大部分都无关紧要。数码产品是提高投入和享受程度的重要手段。不过就像我们之前所说，投入和享受程度并不等同于学习效果（还记得爱登堡效应吗），因此你需要明确自己为什么要利用科技。如果只是为了参与并兴奋起来，那就尽情使用数码产品吧。如果是为了帮助理解新观念，那么要把科技用在刀刃上，否则就不要用。

热点问题 4：

媒体分心

　　"一边看电视一边学习会影响学习吗？"

相信你已经知道问题的答案了。

据估计，超过 60% 的人会在学习过程中利用不同形式的媒体。不幸的是，在学习时看电视、上网和发消息是一心多用的不同形式，在任务间不停切换会对记忆造成负面影响。

更糟的是，人们在群体环境中使用媒体设备进行多任务处理不仅会影响使用者的学习效果，还会影响使用者周围人的学习效果。换句话说，利用媒体进行多任务处理会产生损害半径，影响半径内的所有人。

顺便说一句：想想那些鼓励观众一边观看一边在社交网络上发状态或发电子邮件的电视节目吧。虽然这可能会提高观众的参与度，但最终会影响他们的记忆，反过来影响他们继续收看的意愿。

4．一次讨论一个想法

这部分内容与第二章中讨论过的图表问题有重复，所以我长话短说。你在做演讲的时候，一次只能讨论一个想法。不幸的是，如果你的幻灯片或讲义里有多个想法，听众可能会试图在其间跳跃并丢失关键信息。简单地说，要保证你和幻灯片一次只传递一个信息。如果做不到这一点，可以使用给信号的方法（详见第三章第 68 页）来引导注意力，避免一心多用。

5. 避免话说一半或提前拿出思考题

人类痛恨（也可能喜欢）未解之谜。我们的大脑是一台预测机器，因此尚未解决的谜题意味着需要对失败的预测进行纠正。

我们有时在演讲中会不自觉地只把概念和想法讲一半便没有了下文。也许你会开始讲故事，会突然跑题，而且再也不会绕回来继续讲了。也许你会画起图表，结果注意力被别的吸引，转移到了其他主题上。当信息处于不完整状态时，很多人都会一边继续听你说，一边觉得有必要将它补充完整——开始一心多用了。因此，要尽量警惕思维流动性的危害，避免话说一半的情况（我知道，这说起来容易，做起来难）。

同样，如果你拿出练习题或思考题让人们先思考，打算在晚些时候揭晓答案，猜猜会发生什么？人们会被待解决的问题吸引，很多人会立刻动笔解题（图34）。这会导致他们错过关键信息，影响学习。因此，一定要等讲到相应内容的时候再把问题拿出来。

图 34　不要让听众分心

本章小结

人类无法一心多用。一心多用会损害学习和记忆效果。

- 我们一次只能遵守一个规则集。这个规则集决定了注意力过滤器能让哪些信息通过。

- 我们可以主动选择规则集，但如果发生了让我们感到威胁或震惊的新情况，新规则集会被激活。

- 我们无法一心多用，只能在不同任务间迅速切换。这个过程需要时间，会影响准确性，并会将记忆推入潜意识的网络中。

- 虽然有些人能比其他人更快切换任务，但没有人可以真的一心多用。

应　用

1. 不要一心多用。

- 人们可以同时完成两个任务，但其中一个必须是习惯性、机械性的。

- 女性在一心多用方面并不比男性强。

- 人在感受到危机时，会经历突如其来的记忆抹除。

2. 把复杂的任务分解成小块。

3. 只在必须使用数码产品时才使用。

4. 一次讨论一个想法。

5. 避免话说一半或提前拿出思考题。

第六章

交　错

如果你认为以身犯险太危险，试试循规蹈矩吧：它是致命的。

——巴西作家保罗·科埃略（Paulo Coelho）

假如你是一名网球运动员，正在为大型比赛做赛前训练。这一阶段的目标是熟练掌握3种不同的击球手法：正手、反手和截击。问题是，你只有1小时的练习时间，所以一共只能打90个球。

你认为哪种方案能更好地帮你准备比赛？

选择1：30次正手，30次反手，30次截击。

选择2：10次正手，10次反手，10次截击；然后再来10次正手，10次反手，10次截击；再来10次正手，10次反手，10次截击。

既然以上两种方案都包括每种击球手法30次的练习，直观上看似乎可以被视为效果等同。

但事实证明，并不是这样。只有1种选择能帮助你高效提升比赛表现。到底是哪一个，又是为什么？

当调取器遇到序列器

我们采取的每个行动几乎都是由一系列有序组织的小行动模块构成的。例如，想想系鞋带都有哪些步骤：首先要抓住两根鞋带，然后打结，接着系紧，等等。

在大脑内部，动作模块需要被一个叫作"基底神经节"（basal ganglia）的神经网络单独调取，然后才能被发送到前额皮质（prefrontal cortex）以供实施。不幸的是，基底神经节并非大脑中最有秩序的区域。它发送行动指令时，通常会给出完全随机的顺序。因此，我们在正确执行一个动作前，必须把小模块排列成恰当的顺序（在打结之前就拉紧鞋带对你可没好处）。完成排序工作的是一个叫作"前辅助运动皮层"（presupplementary motor area，pre-SMA）的区域。

可以用一个简单的比喻——一间拥挤的酒吧来说明这个过程（图 35）。在客人纷纷下单后，调酒师需要迅速调制每一杯鸡尾酒（基底神经节的作用）。做完一杯，他就会把它放在托盘上准备分发（前额皮质的作用）。一般来说，这些饮料是被随机摆放在托盘上的。因此，服务生的工作就是理清它们的顺序，确保每杯酒被送到正确的顾客手中（前辅助运动皮层的作用）。

通过这个类比，你可能已经注意到了一个小问题：我们又遇到了一个讨厌的瓶颈。在这种情况下，一个托盘只能同时容纳几杯饮料。也就是说，无论调酒师调鸡尾酒的速度有

前辅助运动皮层

前额皮质

基底神经节

图 35　调取器和序列器

多快，酒也只能分成一小批一小批送出。此外，他必须等序列器排序并分发完上一批以后才能把下一批放上托盘。

不幸的是，同样的瓶颈也出现在大脑中。就像这个托盘一样，前额皮质一次能够掌握的信息量是有限的。想要理解这一点，看看你能否在 10 秒钟内记住这 13 个字母：

F P Q C V O I Y M R F S A

就像我爸过去常说的：这就像是要把 10 磅土生生塞进一个 5 磅容量的袋子里。

虽然基底神经节能够以惊人的速度调取几十个连续动作模块，但前额皮质不可能同时处理所有模块。这意味着基底神经节必须把动作分成几小批，耐心等待前辅助运动皮层处理完上一批，才能发出下一批。

你可能已经猜到，加载、排序和重新加载的过程需要耗费时间。这就是为什么儿童系鞋带要花很长时间，而熟练的成年人几乎不用动脑思考就可以迅速系好鞋带。也就是说，还存在其他影响因素。

事实上，确实有。

当序列器遇到调取器

我把上面的 13 个字母重新排列了一下。看看你能不能在 10 秒钟内记住它们：

F Y I R S V P F A Q C O M

练习

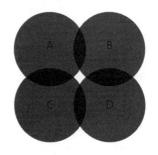

练习

图 36 独立的内容可以通过练习被组成模块

我猜这次要容易得多，因为原本互不相关的字母组成了英文常见缩写，从而变得连贯。把独立的内容组成一个整体的过程叫"组块"（chunking）。重要的是，组成的模块能够以独立单元的形式被储存在前额皮质中。换句话说，这时你不需要记住 13 个互不相关的字母（不可能完成），而只需要记住 4 个模块就可以了（比较简单）。

就这样，我们把 10 磅土塞进了 5 磅容量的袋子里。

以同样的顺序练习同一组动作的次数越多，我们就越能将其看作一个整体过程，从而更好地理解它们（图 36）。在重复了足够多的次数后，序列器（前辅助运动皮层）会向调取器（基底神经节）发送消息，告诉它可以把这些分散的动作组成一个模块，以备将来使用。借用前面的比喻（图 37），这就好比服务生在连续几个晚上按同样的顺序上酒以后，把调酒师拉到一边，说："为什么不从现在开始，把 4 杯饮料倒进一个大杯里呢？这样既可以帮我省掉排序的麻烦，还能给托盘腾出空间。我们可以更快地上酒。"

要记住最重要的事：每个模块中都存在某种已经固定的顺序。

你之以所能够不费太力地阅读这段内容，是因为你有拥组块能力，也以可证明每个模块含蕴着固顺有序。在个这例子中，当你意注到每个单词第一个和最一后个字母（并将它们置于上文下之中），就能活激这个语词的"模块"。你不要需织组语词顺序，成形的模块已经为你自排动列好了顺序。

组块

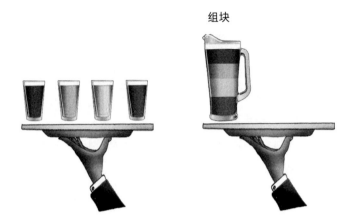

图 37   组块可释放空间

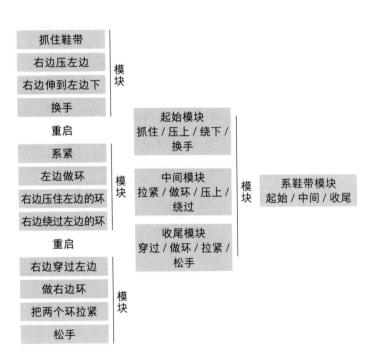

图 38   系鞋带——从分解动作到组成模块

正是因为组块，你才能不费吹灰之力系好鞋带。虽然最初你需要接触和排列其中的每个分解动作，但通过练习，你可以将它们组成"系鞋带模块"（图38），这样就可以把需要在前额皮质中占据的存储空间降到最小。现在，这部分只要被激活就可以自动运行，你还能同时思考一些更重要的问题（比如早餐吃什么）。

这就会引出一个重要的问题：组块过程什么时候会停止？你可能无法相信，在正常情况下组块永远不会停止。只要按同样的顺序不断练习，组块过程会不断进行下去，且不会占用前额皮质更多的空间。

你是否在开车时走过神？你只记得用钥匙打着了火，等缓过神来时车已经开进了车库，而你对中间的20分钟毫无印象？这很有可能是因为你在同一条路上开过无数次车，所以你已经组成一个单独、巨大的"开车回家模块"。只要坐进车里，往后一靠，你几乎就能不动脑子地按顺序完成动作。

模块的问题

模块的问题在于：它实在太牢固了。一旦模块成型，序列就会被锁定，你很难调取其中的单独操作。

举个例子，你电话号码的最后三位数是什么？你很可能需要从头背一遍才知道。这是因为过去你已经按顺序将这串数字重复了无数次，以至于现在它们是作为一个整体的"电话号码"模块被存储的。这个模块非常牢固，你没办法简单地只调取最后几个数字，必须按顺序从头回忆一遍。

扩展开来，我们可以看看职业篮球运动员罚球时的状态。在投篮前，运动员会有一连串高度个人化且有序的身体动作（运几次球、触摸身体的几处位置、做个夸张的深蹲）。尽管这些罚球前的例行动作可能是为了平复紧张的情绪，但在几次重复运球、触摸和深蹲之后，球员会进入自己特殊的"罚球"模块。就像你背电话号码一样，他们在每次罚球时都要运行整个序列。事实上，如果不许他们完成投篮前的例行动作，投篮的命中率会大幅下降。

对多数情况而言，牢固的模块是好事——每次系鞋带的时候，你真的想一步一步单独回忆和排序吗？但是，模块过于牢固有时也是一种负担。

意外模块

我们回到本章开头的例子中（图39）。根据我们刚才讨论的内容，你认为如果连续几次训练都是同样的顺序（30次正手，30次反手，然后30次截击）会发生什么？就像篮球运动员投篮一样，这个顺序可能会意外组成一个模块，导致运动员习惯了正手先于反手，反手先于截击。

虽然在训练时看不出问题（每次训练都要面对同样的90次击球），但在比赛时，这种情况会产生破坏作用（因为

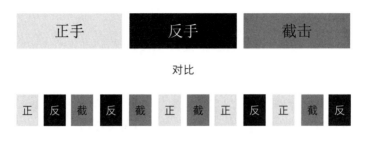

图 39　两种训练方案

这种固定模块是不存在的，你需要在不同的击球方式间随机切换）。真正的网球比赛是不可预测的，你不得不有意识地消耗精力来拆分这个意外模块，而这样会反过来影响你的表现。

那么，我们要如何避免形成意外模块呢？

交 错

还记得在第四章中我们学到，在多种不同环境中训练可以促进技能与特定的地点和环境分离吗？这个原理同样适用于这里：为了避免意外模块的形成，我们需要利用随机性，防止序列形成定式。

关键在于交错。

方法很简单：在训练过程中，要经常随机在不同技巧间切换，这样就能体验到在不断变化、不可预测的场景中调取和应用不同技巧的方法。这样不断混合练习能确保小模块不重组成大模块，不出现单一模块和扩展序列。

除了避免形成意外模块，交错还有助于帮助我们更快调取单个模块并更准确地运用它们。其原因在于重建（reconstruction）过程。我们长时间练习一项技能（比如连续 30 次正手击球）时，只需要调取这个模块 1 次，放在前额皮质中，练习完毕后再还回去。相应地，我们混合练习多项技能时，会数十次调取、存放和返还同一个模块。这样持续的循环能帮助巩固和加强模块，使这一技能更容易被调取，也更加可靠。

带着我们学到的新知识回到本章开头。如果你在连续训练中不断以交错的模式练习，会有怎样的结果？虽然训练会很棘手（你永远无法进入"最佳"的训练状态，还要在不断的变化中保持状态），但在由随机性和不可预测性主宰的比赛中，这样的训练会带来神奇的效果。

但是等一等……还有！

在真正的网球比赛中，你可能会遇到意料之外的击球手法，比如高吊球。事实证明，交错会增强灵活性。虽然你并没有"击高吊球"的模块技能，但你有迅速切换、调取和试验不同技巧的能力，它能帮助你决定哪种技巧组合在新场景中最为适用。研究人员将这一过程称为"迁移"（transfer）——让过去形成的模块适应新情况的能力。交错练习比单一练习更能促进迁移。

需要考虑的因素

在进入应用部分之前，有 4 个问题要考虑。第一，只有到真正执行时，交错的好处才会显现。事实上，交错练习者的训练表现往往比单一练习者的糟糕。出于这个原因，交错需要不少信心支持。可以说，想要确认这种方法有效，唯一的办法只有先练起来：对许多人来说，这种练习方式无法使人有激动的感觉。但不幸的是，在知识和经验之外，没有更简单的方法。

第二，交错只有在最终的实战情况不可预测时才有效果。如果你是一位准备演奏贝多芬第五交响曲的钢琴家，每个音符都有清晰的指法和顺序，那么让练习变成有顺序的大模块会更有效果。

第三，虽然本章中大部分内容讨论的都是身体技能，但交错式学习在认知层面同样有效。例如，用交错的方式学习数学的学生往往会在期末考试中有更好的表现。同样，进行过交错练习的医生在临床中往往也能做出更准确、更灵活的诊断。

第四，交错需要在模块之间切换，而不是简单地在同一模块里调整。如果你只是改变正手击球的速度（快慢球混合练习），这不算交错，而更类似一种叫"刻意练习"（deliberate practice）的过程。下面我们会讲到，这种训练方法虽然很重要，但与交错练习的结果大不相同。

对演讲者、教师和教练的启示

1. 先教会，再交错

第一次了解交错后，有些人会直接将其应用到教学过程中。不是花大量时间先传授单一技能（"今天我要教你怎么系鞋带"），而是在不同主题间来回跳跃（"今天我要教你怎么系鞋带、放风筝和做煎蛋卷"）。

不幸的是，这并不是个好主意。交错的目的是让模块能够有机结合、灵活应用，所以重要的是先让学习者熟练掌握单个模块。换句话说，只有先学会某种技能，才能进行有意义的交错练习。

虽然有证据表明，在学习阶段进行交错有助于学习者更好地区分概念，但这在很大程度上是在潜意识层面完成的，人们很难准确说明自己理解的是什么内容。因此，你如果希望学习者有意识地控制自己的技巧和表现，可以让他们在训练和作业中进行交错练习，而不要在教学时这样做。

热点问题 1：

时　机

"是否应该在学会新技巧的那一刻就开始交错练习？"

　　只有当技巧达到一定熟练程度后（不再需要将不同组合技巧重新加载到前额皮质中的过程），交错练习才有意义。所以，已有证据表明，慢慢引入这种方法，在技巧随时间逐渐变得自动化后其效果才是最好的。交错促使人们持续将注意力投放在技巧的应用上，不断强化模块，在未来才更容易调取它们。

---

2. 积极演练，追踪进步

　　因为交错的好处在平时的练习中不明显，所以可以尝试进行一些实战演练，比如，进行模拟期末考试、模拟比赛或是面对较少观众的模拟表演。只要这些场景是低风险或无风险的，人们就可以在没有压力的情况下体验实战的不可预测性。

　　除体验外，实战演练还可以帮助学习者意识到交错的益处。意识到自己的进步会激励人们继续使用这种方法，在艰难的训练时刻坚持下去。因此，可以在演练中加入评估的步骤，帮助人们看到自己随时间进步的轨迹。

3. 只有在实战不可预测时才进行交错练习

　　这一点我在前面已经讲过，但依然有必要重申。只有当实战在很大程度上不可预测时，交错练习才是有意义的。如果实战中技能的运用有确切的顺序且不太可能改变，那么最好以逐渐组成更大模块的方式进行训练。例如，在排练莎士比亚的戏剧时（第二幕总会在第一幕之后），一定要按顺序练习。以这样的方式练习后，等到真正上台时，演员便可以一口气调取扩展模块的内容，并在意识消耗最少的情况下继续对其进行扩展（释放认知资源，专注当下细节）。

热点问题 2：
广　度

　　"交错练习是只对相似的技巧（比如正手和反手）才有效，还是说对完全不相关的技巧（比如正手和微积分）也有效？"

　　既然交错的意义在于重复调取和归还各种不同领域的模块，那么无论这些技巧是否相关，交错都是有效的。一个额外的好处是，你把两种完全不同的技能混合时，可能会发现二者间某些隐晦的联系（这时就有创造力的用武之地了）。例如，对诗歌和烹饪进行交错后，你可能想出一个新颖的比喻或一道全新的食谱。

　　不幸的是，迁移（将模块应用于没有学过的技能）更依赖相似性。用来交错练习的相似动作越多，它们之间的干扰就越多；干扰越多，你就越需要努力区分不同的技能，单独的技能就会变得更灵活、可迁移。

　　举例来说，踢球和放风筝时的肌肉运动是完全不同的，因此你在二者间切换时，很少会混淆它们。但是，正手击球和截击使用的是相似（但不同）的肌肉。你在二者间切换时，很有可能混淆它们。这样的干扰导致你有意识地对抗它，而正是这种努力促成了技能的迁移。

因此，如果你的目标是让技能的调取和使用更轻松，你可以在任何模块间做交错练习。但是，如果你的目标是让技能可以迁移，就在相似的模块间做交错练习吧。

---

4. 在技能内部刻意练习，在技能之间交错练习

刻意练习是一种非常特殊的训练方式，需要对单一技巧进行长时间练习。这种练习的方法是在一个模块中对分解动作进行微调，从而使整体表现更上一层楼。例如，你想提高网球的发球速度。刻意练习要求你连续几个小时不断重复发球，每次都根据反馈进行微调（手向右转 3 厘米，臀部向左扭 5 度等）。随着时间的推移，这种重复和调整会帮助你慢慢提高发球速度。

这就是问题所在：刻意练习会阻碍迁移。你越是单独练习一个特定技能，这个技能就越会变得自动化。一旦某种技能变得高度自动化，调取、分析它和让它随新环境调整就会变得异常困难。

正如我们看到的，交错练习和刻意练习有着完全不同的

目的：前者旨在使不同技能变得可灵活调取和迁移，后者旨在逐步提高单一技能的自动化水平。出于这个原因，二者都是有价值的，需要根据目标结果进行选择。一些顶级教练会让两种方法互相抗衡：通过刻意练习调整单一技巧，然后通过对不同技巧的快速交错练习提高灵活性。

热点问题 3：

大脑训练（第一部分）

> "我真的能扩充记忆容量，变得超级聪明吗？"

简单来说：不能。大脑训练并不像大多数人想象的那样（也不像很多公司宣传的那样）。要理解这个事实，有两点需要明确：

首先，如上面所说，任何时候前额皮质能保存的信息量都是有限的。幸运的是，我们可以绕过这个限制。试试记住下面这行字母：

FYIRSVPFAQCOM

我们再加把劲。你能记住下面的 4 行字母吗？

ABCDEFGHIJKLMNOPQRSTUVWXYZ

ABCDEFGHIJKLMNOPQRSTUVWXYZ

ABCDEFGHIJKLMNOPQRSTUVWXYZ

ABCDEFGHIJKLMNOPQRSTUVWXYZ

上面有超过 100 个字母，可你的前额皮质轻松地把它们全部存储下来了。

但千万别被骗了！你能记住这么多仅仅是因为这些信息是成模块的，并不意味着你的前额皮质容量变大了，否则下面的 8 个字母你应该也能轻松记住：

פקשלגטתא

看起来不太可能。

接受大脑训练一段时间后，你的分数可能会提高。但不幸的是，就像上面的字母体现的那样，这并不意味着你的记忆力提升了：只是这样的大脑训练让你给信息组块的能力提升了（图 40 ）。

这就引出了第二点：大脑训练游戏是一种刻意练习。正如我们在前文中谈到的，如果连续几周做同一个游戏，你从游戏中迁移技巧的能力就会下降。如果你的最终目的是玩好这个游戏，这点不重要，但我相信大多数人的目的还是提高自己记人名、心算或记住复杂论点的能力。你看到问题所在了吗？在非常现实的层面上，你越擅长这种大脑训练游戏，就越不可能把技巧应用到有意义的现实世界中去。

图 40　大脑训练会让你更擅长……大脑训练

为解决这个问题，很多大脑训练项目会采取在不同游戏间交错的方式。不幸的是，这样做就失去了意义。迁移的发生条件很苛刻，通常只会在类似的技巧间（例如正手和高吊球之间）。因此，交错进行游戏只会提高你在遇到新游戏时的应对能力，却无法提高你理解经典文学作品或写出具有说服力的文章的能力，因为这些技巧与大脑训练的形式相去甚远。

我的目的不是威胁你远离大脑训练游戏，而是让你理解你能（或不能）从中获得什么有意义的东西。如果你喜欢这些游戏，那就继续吧！而如果你脑子里有个更具体的目标（比如提高运算技巧），那么你最好花时间直接朝这个目标努力。

---

5. 打破意外模块需要时间和精力

打破模块是很困难的，需要花时间，还伴随着激烈的挣扎和频繁的失败。但是，只要付出足够的努力，模块是可以被打破重组的。

我们来看一下职业高尔夫运动员泰格·伍兹（Tiger Woods）。2003 年，在蝉联世界冠军 4 年之后，伍兹决定改变自己的挥杆方法。我这里指的不是刻意练习时进行的微调，而是彻底的改变。为了打破并重组自己的"挥杆"模块，伍兹不得不在近 2 年的时间里每天进行 12 个小时的艰苦训练。其间，他没有在任何一场重要的高尔夫锦标赛中获胜，世界排名也下降了。但到了 2005 年，他成功地组成了新模块，再次回到世界第一的位置。

想要打破模块，你需要做 3 件事。首先，你需要把模块分解为单个动作。例如，在系鞋带的时候，你需要确认并描述出组成模块的每一个细小动作，从第一次抓起鞋带到最后的打结为止。

接下来，你需要把分解动作逐个调整一遍，直到可以改变原有的执行方式。例如，你只需要练习抓鞋带的动作，不需要带上其他任何动作。

最后，你需要通过努力重组模块。有意识的行为一旦停止，模块便有自发成形的倾向。出于这个原因，在每个分解动作被调整完毕前，最好避免进行完整的练习。这可能意味着你有好几个月不能完整地系好鞋带，只能专注于调整单个动作。

我说过，这个过程漫长、辛苦而艰难……但最终目标是可以实现的。

本章小结

交错练习可以提升表现水平，实现技能迁移。

- 为完成一个动作，我们需要对分解动作进行调取和排序。
- 通过长时间练习，分解动作可被组合为一个模块。
- 交错是一种练习技巧：通过对模块进行混搭，防止其意外地自行组合，并使其更容易被调取。

应　用

1. 先教会，再交错。
   - 在技巧随时间逐渐自动化时，慢慢引入交错练习的效果是最好的。
2. 积极演练，追踪进步。
3. 只有在实战不可预测时才进行交错练习。
   - 目的是提高技能的调取和应用时，可对任何模块进行交错练习。
   - 目的是提高技能的迁移能力时，要对相似模块进行交错练习。
4. 在技能内部刻意练习，在技能之间交错练习。
   - 大脑训练游戏不会提升记忆力和智力，只会让你更擅长大脑训练游戏本身。
5. 打破意外模块需要时间和精力。

中场休息 3

请用大约 60 秒来研究和欣赏这些过去的成人教育海报。

第七章

错　误

我从不失败——要么赢得胜利，要么增长经验。

——佚名

请进入思考模式，因为我们要从一些"酒吧常识性问答游戏"小册子中随机选出几个问题作为本章的开头。

---

1. 人一般有多少种感官？

2. 谁发明了灯泡？

3. 在海军术语中，摩斯电码SOS代表什么？

4. 公牛一般看到什么颜色会发怒？

5. 充氧血是红色的，那么缺氧血是什么颜色？

答案：

5. 蓝色

4. 红色

3. 拯救（Save）我们的（Our）船（Ship）

2. 托马斯·爱迪生

1. 共 5 种（视觉、听觉、嗅觉、味觉、触觉）

上面的答案……全部错误。如果你的答案和上面一样，你就错了。

花些时间体会一下此刻身体和精神上的感受。你是否觉得刚才一直向前流动的思维突然卡住了？也许你会感到意识变得敏锐起来？这些本能的感觉代表着人类的错误警报机制启动了，我们可以用它们来引导并增强我们的影响力。

错误的警报

在第三章我们已经了解，大脑会绘制反映不同物理环境布局的脑内地图。我们会用这些地图来预测和指导未来的行为。

事实证明，大脑会绘制的地图远不止这些。大脑会创造关于空间、视觉、嗅觉、味觉、触觉、听觉、运动、行为、情绪、因果关系……一切的联系。

我们称之为"心理模型"（mental model）。就像脑内地图一样，这些模型是用来预测周围的世界并引导我们的行为的。事实上，你现在能够阅读和理解这段文字的原因是，你具有一个能精确预测词语顺序、意识流向和命题结构的心理模型。

每次预测正确后，相关的心理模型就会得到巩固。然而，有时心理模型会变得过于强大。这种时候，我们会冒更相信自己的预测而非现实世界的风险。这就是为什么很多人

图41　"巴黎三角"

都没有注意到图41的三角形中的第二个"的"：因为关于阅读的心理模型在过去非常有效，能很快预测出一句中的下一个词，于是我们阅读的是自己的预测而不是实际出现的词。

世界永远都在变化，我们因此需要经常更新自己的心理模型，以确保预测能准确、客观地反映现实。这就引出了一个非常重要的问题：我们怎么知道心理模型什么时候过时了，需要升级了？

错误！错误会警醒我们，预测和现实之间存在差距。

值得注意的是，错误和简单的"不知道"是不同的。例如，费米子的自旋量子数是多少？如果你和我一样，你的哪个心理模型中都不存在"费米子"这个概念。因此，你了解到费米子的自旋量子数是半整数时，并不会感到惊讶，因为没有任何错误发生。

再想想，一头大象有几个膝盖？这一次，你心里肯定有个模型，预测任何四条腿的哺乳动物都有四个膝或肘。因此，你知道大象只有两个膝盖的时候，可能会感到惊讶，注意力会因此集中。这时，错误的出现警告你，你的心理模型中存在偏差。

为了理解错误是如何起作用的，让我们转向大脑。

每当预测与现实发生冲突时，位于前额后方大脑深处的前扣带回皮质（anterior cingulate cortex，图42）会产生一个叫"错误正波"（error positivity）的小亮点。亮点的大小取决于冲突的大小：小错误形成小亮点，大错误形成大亮点。

一个重要问题是：只有够大的错误正波才会触发错误警报。如果偏差很小，人们一般意识不到有什么不对劲。也就是说，你的大脑确实发现了"巴黎三角"中的第二个"的"，但冲突太小，不足以引起你的警觉。

错误警报一旦被触发，会发生两件事：第一，腹侧注意网络会被激活。正如我们在第五章中了解的，这个网络在潜意识中监控着注意力过滤器阻挡的信息，并在发生危险或意外事件时接管控制权（还记得驾驶教练吗）。第二，身体和大脑会慢下来：心率降低，呼吸变慢，任何存储在前额皮质中的信息都会被丢弃。这些步骤迫使我们把注意力集中在错误上，释放资源去分析冲突，并相应更新我们的心理模型。这就是为什么大多数人在犯错后都会高度敏感、高度专注。

当然，错误警报只是一个信号。如何使用它取决于我们自己。

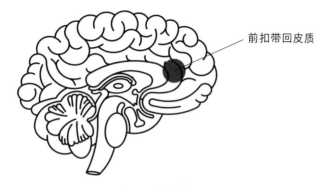

图 42　前扣带回皮质

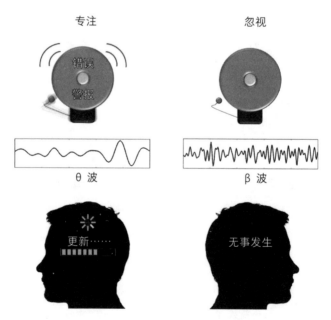

图 43　专注还是忽视，由你决定

战斗还是逃跑

对错误警报有两种常见的反应：专注或忽视（图43）。

如果你选择专注于某个错误，会发生两件事：首先，贯穿大脑的沟通信号会转变成 θ 波。这种模式反映出你的大脑在吸收新信息，更新心理模式。换句话说，θ 波可以证明你确实在从错误中学习。接下来，处理奖赏的大脑区域活动减少，引导注意力集中的大脑区域活动增加。这意味着在遇到错误后，你不再专注于成功，而是更专注于发现更多错误，以进一步调整自己的心理模型。

如果你决定忽视错误，则会出现两种不同的情况：首先，贯穿大脑的沟通信号会转变成 β 波。这种模式本质上是一种"维持现状"的信号，告诉大脑一切正常，不需要改变任何心理模式。换句话说，β 波会让错误警报消失，阻碍学习。接下来，引导注意力集中的大脑区域活动减少，而处理奖赏的大脑区域活动增加。这意味着，在忽视了一个错误后，你还能有效屏蔽其他错误，集中精力坚持自己的预测。

那么，是什么决定了我们是专注还是忽视错误呢？虽然原因有数十个，但主要驱动因素是个人化（personalization），即我们是否认为错误是针对我们的。如果没有这种感觉（例如在大象膝盖的错误中），我们一般都能轻松地专注错误并从中学习。但我们将错误解读为对个人的威胁时，不仅会忽视这个错误，还会在未来避免引发同样错误的情况。

让我们看看在现实生活中是怎样的。

避免犯错的害处

自从智商测试出现以来，人们就对给儿童进行智力测试和排名抱有浓厚的兴趣。那些获得高智商分数的孩子通常会被单独挑出来，贴上"聪明""厉害"或（在某些极端情况下）"神童"的标签。

问题在于：研究不断表明，这些标签对很多孩子都是有害的。事实上，一些评估报告指出，有50%的"神童"会失去信心，表现不佳，最终无法达到学业预期。

为什么会这样？原因就在于个人化。

一旦在测试中脱颖而出，很多孩子就会将"神童"的概念奉为圭臬，并用其来定义自己的身份。不幸的是，这个概念中蕴含着对成功的期望：神童非常聪明，不会搞砸任何事，永远有高水准表现。出于这个原因，很多被称为"神童"的孩子会将错误警报解读为对自我的直接威胁。他们很快就学会了避免失败，并只会被符合当前心理模式并能保证他们继续成功的事物吸引。

不幸的是，当我们置身于已经了解的事物中时，成长会受到抑制，创新会停滞。换句话说，为了避免触发错误警报，很多聪明的学生自我设限，进行自我保护，而这阻碍了他们成长。

　　另一方面，那些会将错误与自己的自我分开看待的学生会将学习视为一个由努力而非智商驱动的过程，不会认为它是一种天赋。因此，他们倾向于解决触发错误警报的难题。当我们选择深入挑战和困惑，我们的确无法在短期内获得成功，但长期看，成长和创造性会蓬勃发展。

　　我并不是说不应该给孩子贴标签，这种辩论充满了争议，远远超出了我在这里想要解释的问题的范围。我只想演示个人化是如何将错误警报从成长的机会变成负担的。

从错误中学习的阶段

　　如果我们每犯下一个错误，心理模型都能自动更新，结果会很惊人。尽管这种自动情况偶尔会发生（想想自己第一次也可能是最后一次抓起滚烫的熨斗），但从错误中学习通常还是要经历 4 个阶段：

　　第一阶段是意识。我们只有意识到出现了错误，才能想办法解决它。不幸的是，正如我们之前学到的那样，心理模型越是根深蒂固，我们就越难意识到预期和现实世界之间的差距。因此，意识是非常重要的，而师长的支持和帮助是意识的重要来源（参见第 173 页"利用触发错误警报的快捷方式——反馈"）。

　　第二阶段是分类。在多数情况下，错误可被划归到相对较小的功能分组中。比如说，我可能会在数学考试中犯上百万个具体错误，但它们几乎都可被划归运算错误（乘法出了差错）、理解错误（使用了错误的方程）、应用错误（没有严格遵循解方程的运算步骤）和粗心大意（审错了题）之中。分类让我们更容易识别出错误的形式和原因，帮助我们不局限于错误本身，而去挖掘错误的原因。同样，我们在这个阶段也可以从师长那里获得很多帮助。

第三阶段是纠正。一旦找到了潜在的原因，我们就可以努力纠正它。贯穿本书的概念和建议在这一阶段都可以成为有效的工具，只是细节需要根据环境不同而有所改变。一般的纠正过程需要知识和练习，因此在这个阶段我们同样可以从师长那里获得极大的帮助。

第四阶段是自主。当我们在特定领域发展专业技能时，犯的错误会逐渐从已知转向未知。这些错误发生在领域前沿，是从前没有人犯过的，意味着我们需要创造性的飞跃。当未知的错误发生时，没有太多的指导和支持可供参考，你只能做好自己研究、探索的准备。出于这个原因，师长离开而让学生独立分析错误是非常重要的。新的思想、概念和知识只有通过自我诊断、自我分类和自我干预才能出现。

最后一件事

那么，本章开篇的问题的答案是什么呢？人一般有多少种感官？谁发明了灯泡？你在回忆这些问题的时候，心中会有一种期待，一种刺激，一种几乎是发自内心的引力：你需要知道答案。

这种感觉就是好奇心。如果错误警报表明我们的知识或理解与现实存在差距，那么好奇心则表明这个差距是可以（以及必须）被补齐的。

影视作品出色地利用了这一点。在一集电视剧中，编剧会帮观众建好一个心理模型，从而做出一个简单的预测（"菲利普是主角，他一定会反败为胜！"）。然后，在这集结束时，他们用一些情节来让你推翻预测，并触发你的错误警报（"哦我的老天，菲利普把车开下悬崖去了！"）。最后，他们还会向你保证这个缺口很快就会被填平（"下周请看下一集！"）。好奇心会促使你再看一集。

不幸的是，尽管这看起来是一种美好的情绪，但好奇心也有其阴暗的一面。

第 156 页问题的正确答案

问：人一般有多少种感官？

答：16 种。视觉、听觉、嗅觉、味觉、触觉、痛觉、平衡感觉、关节知觉、运动感觉、热感觉，以及对血压、血氧含量、脑脊液酸碱度、口渴、饥饿和肺部膨胀的感觉。

问：谁发明了灯泡？

答：沃伦·德拉鲁（Warren de la Rue）。托马斯·爱迪生将灯泡商业化了，但他不是灯泡的发明者。

问：在海军术语中，摩斯电码SOS代表什么？

答：什么都不代表。SOS之所以成为急救代码，是因为它是最容易打出和辨认的摩斯电码。

问：公牛一般看到什么颜色会发怒？

答：看什么颜色都不会发怒。牛是二色视觉动物，它们看不到红色（至少不是我们看到的样子——对它们来说，红色看起来可能和绿色一样）。是斗牛士和他们用斗篷做出的威胁性动作激怒了公牛。

问：充氧血是红色的，那么缺氧血是什么颜色？

答：红色。血管之所以看起来是蓝色，是蓝色光波长较短，穿透力较弱，在皮肤表面被反射回来后与人眼

图44 猜猜这些黑色斑点是什么

的视觉处理机制相互作用的结果。

现在你看到了真正的答案，填补了知识上的差距，感觉如何？我猜你感觉有些泄气，很平淡，甚至有些失望。

很多人认为，兴奋感源于问题的解决。不幸的是，这种情况很少发生。事实上，兴奋感源于寻找解决方案的过程。换句话说，好奇心带来的刺激感源于知识的欠缺这一点。一旦差距被弥补，好奇心的吸引力便会消退，我们会重新回到由心理模型和预期支配的乏味世界。想象一下自己在看下一集电视剧时的失望（"哦……菲利普在车坠崖前跳车了……真聪明"）。

我经常把好奇心比作赛车。车手们通过终点线的那一刻意味着比赛结束：今天的任务完成，该回家了。所有的兴奋情绪都在赛道上。车手们为了到达终点线奋力拼搏。越多人理解这个概念，就有越多人愿意去寻找错误，并参与到错误分析的循环中来。

翻到第 168 页（图 45）看一眼图 44 的真相，你的好奇心就消失了。

图 45　再见，好奇心

对演讲者、教师和教练的启示

1. 发展注重错误的文化

在企业、学校和团队中，通常存在两种不同的文化导向：结果导向和过程导向。结果导向强调成果的重要性，会依靠论功行赏的制度运行。这往往会导致将错误个人化，并导致规避风险、同侪竞争和孤立效应的增加。相反，过程导向强调努力、试错、成长和精通。这往往会导致错误的去个人化，以及冒险精神、合作精神和忠诚度的提升。

如果你希望发展一种过程导向的文化（不是所有人都有这种意愿），那么重要的是使各层级成员都了解并愿意面对和分析错误。要公开讨论影响具体决策的错误，要求大家在回顾时分辨错误并对其归类，强调通往成功的过程会有努力和失败。只有将错误透明化并表现出接受态度时，人们才会愿意寻找知识上的差距，遵从好奇心，并享受过程。

热点问题 1：

与旧同行

"每次更新时，旧的心理模型就丢了吗？"

学习是建设性的，不是破坏性的。也就是说，我们不会替换旧的心理模型，而只会对其进行扩展。

　　为理解这一点，你可以回忆一下自己的童年。你可能曾经相信有圣诞老人，于是你的心理模型接受了这件事，会预测他是存在的。但在某一刻，你开始意识到他是虚构的，于是相应地更新了自己的心理模型。在那一刻，你并不会完全忘记关于圣诞老人的一切。直到现在，你仍然可以认出他，谈论他，接受自己的孩子相信他存在这件事。换句话说，你的旧心理模型没有遭到破坏，你只是给它添加了一些新的信息。

　　通过完善（而不是删除）旧心理模型，我们能保持与过去的联系，加深对概念的理解，拥有不断扩充的信息库，以适应这个不断变化的世界。

---

2. 利用错误观念促进学习

　　如果新信息是在激活心理模型并产生预期之前接收到的，我们会将其作为孤立信息来理解，不会将其与之前学过的概念或想法联系起来。比如，如果我只是告诉你"牛是二色视觉动物"，这个认知可能永远不会与你既有的心理模型产生联系或对其造成影响，你仍然会认为公牛讨厌红色。

　　然而，如果在接收新信息前既有的心理模型被激活，产生了一个预测，我们就会以当下的理解来解释这个信息。比如，我首先引导你做出了"公牛讨厌红色"的预测，激活了心理模型。你在了解"牛是二色视觉动物"后，就会把新信息整合到既有的心理模型中，对其进行相应的更新。

比起回避常见的错误和误解，可以尝试把它们融入学习过程中。比如，在演讲之前，可以先让听众讨论对某个特定主题的理解，或是做揭示常见误区的小实验（例如让两个不同重量的球同时下落，猜猜哪个会先落地），或是提出一个包含常见误区的多选题。只有当心理模型处于活跃状态下并做出预测时，新想法才会和旧想法产生联系，并不断更新。

热点问题 2：

矫枉过正

　　"为什么有些纠正我记得住（例如，大象只有两个膝盖），但有些很快会忘？"

研究人员将这种现象称为"矫枉过正"（hypercorrection）。这在很大程度上是自信导致的。

如果我们对某件事只有基本了解，此刻的心理模型是不堪一击的，我们对自己的预测几乎没有信心。举个例子，如果我问你我最喜欢的运动是什么，虽然你在前文中收集的信息可能已经足够你做出猜测（"他经常提高尔夫球，所以我猜是它"），但你绝不会在这个问题上下注。因此，当我告诉你我最喜欢的运动是冰球时，这并不会触发你的错误警报，你的好奇心也处于极低的水平，你不会感受到对错误进行分析的迫切需求。也就是说，如果下周我问你同样的问题，你可能会做出同样错误的猜测（"高尔夫球？"）。

相反，当我们对某件事本身就有深入的了解，此刻的心理模型会很牢固，我们对自己的预测会有很强的信心。举个例子，如果我问你，在塞勒姆审巫案期间，女巫一般是如何被处决的？你可能已经多次读过这个故事，对自己的预测充满自信（"她们是被绑在火刑柱上烧死的"）。因此，当我告诉你塞勒姆审巫案期间没有一个女巫是被烧死的，你的错误警报会大作，好奇心会高涨，一种强烈的感受会促使你更新自己的心理模型（她们中绝大多数人是被绞死的）。如果下周我问你同样的问题，你可能会回想起这个错误，给出正确的答案。

当然，这一切取决于你是否愿意接受这个错误。正如我们之前了解的，如果你选择忽略错误警报，一切都不会起作用。

3. 在你的领域内明确错误类别

我们在前文中看到，很多错误都可以被巧妙地归入一个功能性类别。理清这些分类后，我们只需要处理一个根本问题，而不再需要处理 100 个单独的错误了。

虽然我很想列出一个通用的列表，但不同领域中的错误类别是不同的。出于这个原因，你需要明确自己领域内的错误类别。记住：关键在于深层原因。我们并不是想简单指出表面问题（"你的数学考试不及格"）。我们希望能弄清这几十个错误，以找到潜在的错误模式，明确错误为什么会发生（"你审错题了，那我们试试放慢阅读速度"）。将这些分类与他人共享，大家一起处理错误，并建立自主发现错误的机制。

4. 利用触发错误警报的快捷方式——反馈

我们知道，只有错误足够大时，错误正波才会触发错误警报。这意味着很多小错误都会被我们的预测掩盖，且永远不会被我们发现。

幸远的是，一个简单的方法可以让最小的错误暴露：反馈。每当有人明确地向我们指出错误（比如现在我会指出本段开头的"幸运"打错了），这一举动就会让我们的大脑产生一个信号——"反馈相关负波"（feedback-related negativity）。重要的是，这个信号会立即触发错误警报。

热点问题 3：

有效的反馈

"肯定有比简单指出错误更有效的反馈吧？"

确实有。

想让反馈更有效，我们需要3条信息（图46~图48）。

1. 明确目标

有效的反馈首先要明确希望达到的目标或水准。这种信息可以确保激活心理模型，做出相应的预测。

2. 定位差距

接下来，有效的反馈要明确个体表现与预期之间的差距，从而引发反馈相关负波。此时必须掌握个人表现的具体信息，任何模糊或相关的信息都不足以触发错误警报。

3. 决定下一步

最后，有效的反馈会建议采取某种措施来弥补差距。初学者可能需要更为细化的反馈。但随着人们在自我纠正方面拥有更多的专业知识和主动权，需要的细节会越来越少（简单提醒或督促一下就够了）。

还有一点要指出：反馈只有在被接受的情况下才有效。如果一个人选择忽视错误警报，那么所有反馈都没有意义。如果你发现有人经常拒绝反馈，那么应该提醒对方注意将错误个人化的问题，逐渐构建起过程导向的文化。

图 46　明确目标

图 47　定位差距，掌握表现的具体信息

图 48 决定下一步，提出相应举措（并不要吝啬赞美！）

热点问题 4：

表 扬

"我听说不该表扬别人，会阻碍他们学习。这是真的吗？"

这个问题总会让我摇头。

表扬不属于反馈。它不包含上面的 3 个要素，不会触发错误警报，也不会引导人们更新心理模型。换句话说，表扬不能促进学习。

但这不是表扬本身的错。

表扬是一种用来表示承认对方的努力和进步的工具。它反过来可以增强被表扬者的信心，让他们燃起斗志，激励他们继续艰难的学习之旅。

误用表扬，用表扬来替代反馈才是危险的。如果在表扬的同时提供反馈，通常可以收到很好的效果（图48）。

5. 刻意进行错误分析练习

和其他技能一样，错误分析的能力也会随着实践提升。因此，一定要刻意将错误分析融入其他过程之中。在报告、阅读材料或演示文稿中放进常见且不明显的错误，并与学习者一起识别、分类和解决错误。随着时间的推移，在学习者的能力逐渐提升后，加入一些更隐晦的错误，让他们独立进行错误分析练习。这样做的一个额外的好处是，他们看到你犯错并能接受和承认错误（即便是刻意为之）的情况越多，未来就越不容易将错误个人化。

图 49　请看这个拿着酒的女人

本章小结

接受错误可以提升学习、记忆和预测能力。

- 大脑创建了心理模型并利用它们来预测世界是如何运作的。

- 错误警报表明心理模型与现实世界之间存在偏差。

- 我们要么接受错误（并从中吸取教训），要么避免（并忽视）错误。

- 错误分析包括意识、分类、纠正和自主4个阶段。

应 用

1. 发展注重错误的文化。

- 旧心理模型不会消失，只会扩展。

2. 利用错误观念促进学习。

- 矫枉过正表明人们更容易纠正那些自己原本对答案格外有信心而认为不会错的错误。

3. 在你的领域内明确错误类别。

4. 利用触发错误警报的快捷方式——反馈。

- 如同 GPS 设备一样，有效的反馈需要帮助他人认识到他们要去哪里（目标），怎么去（差距）和接下来往哪走（下一步）。

- 表扬可以增强信心和动力。

5. 刻意进行错误分析练习。

回　忆

我们不会去想记得的事，只会记得想过的事。

——杰瑞德·库尼·霍瓦斯

我们来到第八章了。此时是回顾前文的最佳时机。

我想很多人想要跳过这一部分。坚持一下！我向你保证，这样做自有原因。

在过去的 7 章中，我们认识了一些重要的脑区。以下是一些主要内容：

- 布罗卡区 / 韦尼克区负责处理语言。我们如果尝试同时听和读，会遇到"瓶颈"。
- 海马是记忆之门：所有新信息都要通过这里才能被记住（尽管记忆并不存储在这里）。
- 海马旁回会在潜意识里对我们周围的物理环境进行编码。
- 前辅助运动皮层起到序列器的作用，与基底神经节一起形成模块。
- 前扣带回皮质中有一个区域会将心理模式与现实对

比，触发错误警报。

在前 7 章中，我们还探讨了一些有趣的心理现象。看看你能否选出正确的答案。

---

1. 以下哪个术语可以用来描述单一、连续、没有空格或标点符号的书写文本？

   A. 连写字

   B. 块写字

   C. 意识流

2. 我们注视的某张面孔的变化让我们听到的词语发生了改变。这是哪种现象的例子？

   A. 通感

   B. 交感

   C. 麦格克效应

3. 通过凝视信息曾经存在（现在已经不在）的区域来记忆信息的行为叫：

   A. 凝视虚空

   B. 轨迹记忆

   C. 重新上演

4. 陈述性记忆可被分为哪两类？

   A. 个人记忆 / 非个人记忆

   B. 情景记忆 / 语义记忆

C. 外显记忆 / 内隐记忆

5. 通过调整已知技能来适应从未学习过的技能的能

力叫：

A. 迁移

B. 应用

C. 翻译

答案：

1.A 2.C 3.A 4.B 5.A

最后，在本章开始前，我还有最后一个问题……

不要往前翻或偷偷看，写出本书前7章的标题。
（诚实一点儿，花一两分钟逐个回忆一下。）

1._____

2._____

3._____

4._____

5._____

6._____

7._____

现在翻回前面，看看自己做得怎么样。

上面的每一道题都体现了完全不同的记忆调取过程。重要的是，其中只有一道能形成深刻、持久的长期记忆：你能猜出是哪一道吗？

记忆三步走

为什么小时候听过几次的广告歌就能记住，但高中学了好几年的数学公式却总忘？记住初吻的感受非常容易，但要想起上周董事会的内容却很难？为什么时下流行的电视剧片段历历在目，元素周期表却过目即忘？

我们通常认为，人类倾向于记住那些与个人相关度高的和情绪化的事件，并以此解释记忆之间的差异。这虽然是事实，却并不能真正解释清楚上面的例子。一首描述汉堡配料的广告歌曲和你的个人生活有什么关系呢？同样，你在学习数学公式时，也可能感受过强烈的情绪（压力、恐惧、成就感、解脱感）。

显然，还有其他原因。为了理解这个问题，我们需要更仔细地研究记忆及其工作原理。

简单地看，可以将记忆理解为"三步走"的过程（图50）：

1. 编码：信息需要进入大脑

2. 存储：信息需要在大脑中存留

3. 调取：信息需要被从大脑中调出来

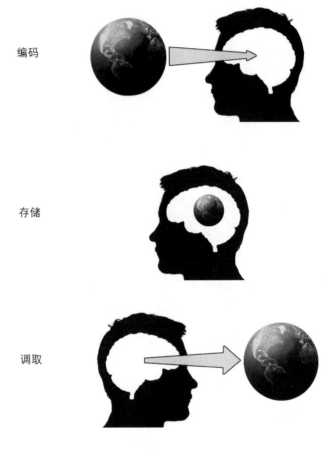

编码

存储

调取

图 50　记忆"三步走"

　　谈到影响力时，很多人关注的是前两步。这种看法假设我们看到一条信息（编码）的次数越多，就越可能在大脑中为其找到一个永久的家（存储）。但是，如果这个假设是真的，那么你的初吻（只发生过一次）应该在很久前就消失了，反倒是元素周期表（可能看过很多次）应该还好好地存在着。

　　事实证明，把重点放在编码和存储上只会形成稍纵即逝的记忆。如果你的目标是在短时间内记住一些内容，未来并不打算使用，那这不是问题。但如果你想创造一些深刻、持久、可以贯穿一生的记忆，该怎么办？在这种情况下，你必须把注意力转移到三步走中最容易被忽视的一步：调取。

　　在人类的大脑中，调取是一种建设性的行为。这意味着你每回忆一次，这段回忆就会被加深与巩固一次，未来会更容易被调取。打一个简单的比方：想象你的每段记忆都是茂密丛林中的一个小窝棚。每次想要抵达窝棚，你都需要在丛林中砍伐树枝和灌木，开辟道路。你越常走这条路，路就越宽，也越不容易被抹消。当调取的次数足够多，这条路就会像高速公路一样，直通记忆的小窝棚，途中没有任何树枝阻碍你前进。

　　这就是为什么人们会记住时下流行的电视节目，哪怕只看过一遍（编码）。每次和朋友讨论剧情，在网上搜索粉丝的看法，回忆自己最喜欢的场景时，我们都在调取相关记忆并让其变得更深刻，在未来更容易被调取。这也是为什么很多人记不住上周董事会的内容。如果没有在饮水机旁或饭桌边讨论过这次董事会，这段记忆永远都不会被调取出来，脑中的道路很快会杂草丛生，在丛林中消失。

我想再把这一点写下来，因为我真心相信这句话可能改变你对影响力的整体看法（就像它改变了我的看法那样）：

调取是形成深刻、持久、易调取的记忆的关键。

不幸的是，你如果已经看到这里，就会知道事情从来不会这样简单。事实证明，我们可以用 3 种不同的方法来调取记忆：回顾、识别和回忆。

在深入了解这些问题前，我们先来快速了解一下什么是记忆。

大脑交响乐团

把大脑想象成一个交响乐团，每个脑区代表某个特定的乐器。视皮质可以是小提琴，听皮质是双簧管，海马是竖琴，等等。

信息无论何时进入大脑，都不会简单地只触发一个乐器。相反，它会触发包含所有乐器在内的交响乐。例如，图 51 的鸭子会驱使"小提琴"演奏一段特定的旋律，这段旋律会驱

图 51 一只可爱的小鸭子

使"双簧管"演奏一段特定的旋律,而这段旋律又会驱使"竖琴"演奏一段特定的旋律……最终,你对这只鸭子的记忆是整个大脑在编码时演奏的整部交响乐。

为了调取这段记忆,我们需要让整个乐团(至少是其中大部分乐手)重奏完整的记忆交响乐。换句话说,如果你现在闭上眼睛想这只鸭子,大脑的状态会与最初编码时的状态惊人地相似。这就是为什么我们经常感觉自己在"重温"记忆:这种描述很准确,因为我们的大脑的确每次都会回到过去,重奏一次交响乐。

还有最后一件事:任何乐团想要和谐演奏,都需要一位指挥来协调不同的乐器,在正确的时间演奏正确的旋律。在大脑中,这位"指挥"位于右前额皮质中的一个小区域内。这个区域的剧烈活动是一种确切信号,代表大脑正在努力调取与回放一段记忆。

让我们记住这个比喻,然后来探索3种不同的记忆调取方式。

回顾（纯外部）

想让大脑交响乐团演奏一首指定的记忆交响乐，最简单的办法就是重听一遍。这就像在 CD 机上按下重播键一样，每次我们都会找到最初的信息源，让它回流到大脑中，触发同样（至少是非常相似）的旋律。

这种类型的记忆调取就是回顾。它完全依靠外界激活记忆。重新阅读书中的章节，重新观看录制的讲座或重新复习笔记都属于回顾。

不幸的是，回顾并不需要指挥。它几乎不需要你如何努力，也就对加强记忆没什么帮助。

为了理解这一点，请你不要合上书也不要偷偷看，试着描述一下本书的封面是什么样子的。上面有什么图案？写了什么？用的什么颜色？想好了吗？描述要尽可能具体、全面。

现在，合上书看一下。

你如果和大多数人一样，回忆的结果应该不太理想，甚至可能特别糟糕，尽管你已经看（回顾）过十几次封面了。尽管回顾看起来应该很有效，但它的实际效果很有限。

你如果想创造更深刻的回忆，需要更加努力。

识别（外部与内部的结合）

你能从下面找出《白雪公主》中 7 个小矮人的名字吗？

瞌睡虫（Sleepy） 爱生气（Grumpy）

脏东西（Inky） 闪亮亮（Blinky）

喷嚏精（Sneezy） 笑哈哈（Laughy）

饿狠狠（Hangry） 发神经（Nervey）

哎呀呀（Oopsie） 糊涂蛋（Dopey）

快乐虫（Cheerie） 昏头脑（Drowsy）

万事通（Doc） 丧气鬼（Droopy）

开心果（Happy） 卡丽熙（Khalesi）

崔克西（Trixie） 害羞鬼（Bashful）

粉嫩嫩（Pinky） 克莱德（Clyde）

这种调取记忆的方法叫"识别"。与完全依赖外部输入的回顾不同，识别会通过对外部和内部的过程进行整合来获取记忆。它是这样运作的：

德国的首都是哪里？

读完这个问题，你的指挥（右前额皮质，图52）被激活并开始工作。题目中的信息引导你大脑不同的部位演奏相应的旋律（图53）。在这道题中，它会提示"大提琴"开始演奏"德国"，"长笛"演奏"首都"。

不幸的是，此时只有某些乐器参与演奏"德国首都"这一旋律。而我们之前讲过，只有让整个乐团演奏完整的交响

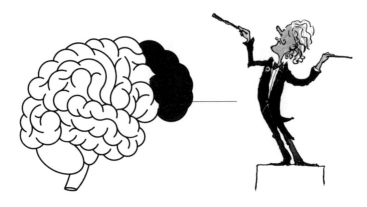

图 52 右前额皮质——指挥

德国首都

图 53 识别记忆（第一部分）——诱发相应的内部旋律

乐，我们才能调取记忆。

看看下面 3 个备选答案：

    A. 慕尼黑

    B. 汉堡

    C. 柏林

你在阅读选项时，每个选项都会在你的大脑中触发特定的模式。与此同时，指挥仔细听着传入的旋律，并将每一段与已知的"德国首都"乐章进行对比（图 54）。一旦发现相符的音乐，他就会提示整个乐团演奏完整的"柏林是德国首都"交响乐。

识别也是警方让目击者调取记忆，在一群人中寻找犯罪嫌疑人的方法。在这种情况下，目击者脑海中保存着关于犯罪嫌疑人的各方面的旋律。一旦看到相符的对象，指挥就会提醒整个乐团：我们抓到犯罪嫌疑人了！

我们来试试看。在上一章的结尾，我附上了一个女人在厨房里喝红酒的照片（图 49）。不要翻回去也不要偷偷看，看自己能不能从图 55 的一排人中找到她。

现在翻回到第 178 页看一下。

大多数人会错误地选择第一张照片中的女人。这就是识别的缺点。当传入的信息与某段旋律足够接近时，指挥会曲解它，并错误地给乐团提示，在不知不觉中产生错误的记

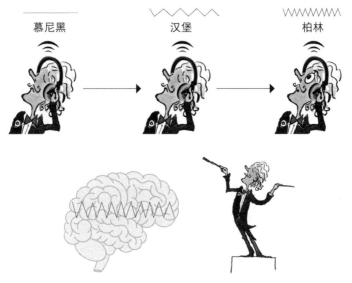

图 54 识别记忆（第二部分）——选择匹配的外部旋律

图 55 哪个是图 49 中的女人

忆。事实上，有数字估计，有近 **70%** 的错误定罪与证人的错误记忆有关。

抛开缺点不谈，识别肯定比回顾更能创造深刻的记忆——但让我们看看更努力一点会怎样。

回忆（纯内部）

七宗罪分别是什么？（花一两分钟逐条回忆。）

1.＿＿＿＿＿＿

2.＿＿＿＿＿＿

3.＿＿＿＿＿＿

4.＿＿＿＿＿＿

5.＿＿＿＿＿＿

6.＿＿＿＿＿＿

7.＿＿＿＿＿＿

现在，翻到第 207 页，看看自己是否写对了。

这类记忆调取方式就是回忆。回忆是一个纯内部的过程，它与需要借助外力帮助的回顾和识别不同，是这样工作的：

德国的首都是哪里？

像前面那样读完这个问题后，指挥要在大脑中提示某些部位奏响"德国首都"的旋律了。但这次没有外界的帮助，他只能在大脑中试奏各种各样的旋律，希望这些旋律能引导他找到正确的那一段。在这种情况下，你脑内可能会浮现你读过的德国小说，看过的德国电影，听过的德国歌曲，等等（图56）。这些相关的旋律是联想（association）。指挥希望通过足够多的联想收集充足的线索，拼凑出完整的"柏林是德国首都"交响乐。

当我们试着回忆某段特定记忆时，激活的每段联想都会与这段记忆形成紧密的联系。这意味着未来你回忆"柏林"

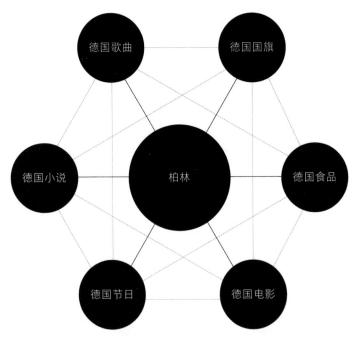

图 56 联想网络

时会更容易，因为你已经构建起很多强有力的联想记忆。更重要的是，联想之间也会形成更紧密的关联。你想到的德国小说、电影和歌曲也会紧密联系在一起，未来回忆起来也会更容易。随着时间的推移（且回忆次数足够多），我们可以构建起庞大的关联网络，迅速、方便地调取大量信息。

不幸的是，就像目击者在一群人中寻找犯人一样，回忆起错误信息甚至捏造虚假记忆的可能性也非常大。如果一段虚假记忆纠缠在一个联想网络中，整个网络都会被破坏。因此，（如果可能的话）用反馈来对回忆进行补充是个好办法。如果回忆能创造深刻的记忆，那么反馈则能创造准确的记忆。

回到起点

让我们以开始的内容作为结束，只不过加入一些小变化。不要往前翻或偷偷看，试着回答下列问题。

- 前辅助运动皮层的关键作用是什么？
- 能够察觉错误的大脑区域叫什么？
- 大脑中哪个部位会为周围的物理环境绘制地图？

- 情景记忆和语义记忆是哪种记忆的两类？
- 这种连写方式在古代叫什么？ ①

---

① 此处原文单词间无空格。——译者注

- 麦格克效应描述的是怎样的心理现象?

　　_____

- 本书前 7 章的标题是什么?

　　　　1._____

　　　　2._____

　　　　3._____

　　　　4._____

　　　　5._____

　　　　6._____

　　　　7._____

　　_____

这次完成得怎么样?

　　大部分人可能在答第一组问题时遇到了一些困难……尽管在十几页之前你刚刚重温过这些信息。这就是回顾的特点:本章开篇使用了纯粹的外部支持来调取信息,产生的记忆非常浅,到结尾时已经很难调取。

　　回答第二组问题时是不是表现得好了一些?这就是识别的特点:本章开篇时,我们通过内部和外部相结合的方式来调取信息,产生了更深刻的记忆,到结尾时更容易调取。

　　最后,很多人可能第三组问题答得很好。这就是回忆的力量:本章开篇时,通过纯粹的内部支持(结合反馈),你产生了深刻、准确的记忆,到本章结尾时就很容易调取了。

对演讲者、教师和教练的启示

1. 把调取（尤其是回忆）融入日常学习

很多人认为调取的过程很烦琐，只在实战时才有用。

现在，你已经理解了调取（尤其是回忆）在记忆中扮演的重要角色，可以猜测这种假设会带来怎样的负面影响。与其将调取不断推迟，不如想办法把它融入课程和练习中。可以要求学习者口头解释一个过程或话题；在课程前、中、后插入低风险或无风险的小测试；选取具体的事件或概念，进行头脑风暴。

要保证在课程期间有充足的调取机会，才能加深记忆，促进理解，得到更好的表现。

热点问题 1：

支 持

"如果对方想不起来，应该给他提示还是让他自己想？"

回忆有两种不同的类型：自由回忆和提示回忆。

自由回忆指我们自己调取特定记忆的过程。提示回忆则是外部信息引导我们回忆某段特定记忆的过程。

提示回忆与识别不同。在识别的过程中，人们会拿到正确的答案（在前面的例子中是"柏林"），只需将其识别出来。在提示回忆中，人们只会拿到一些联想线索（"还记得上周看的那部德国电影吗？"），依然需要自行找出正确的答案。鉴于此，提示回忆比识别带来的记忆更深刻（但依然比不上自由回忆）。

在学习新知识的时候，提示回忆是个很不错的方法。这种方式可以凸显关联的重要性，协助建立有效的关联网络。但是，随着学习的深入，要逐步进入自由回忆阶段。这样才能确保联想不断加强，形成真正深刻的记忆。

热点问题 2：
提笔忘字

"我写文章或说话时，偶尔会有知道想说什么，但就是想不起那个词的现象。这是怎么回事？"

这种现象被称为"舌尖效应"（Tip-of-the-Tongue Effect），尽管没人知道它发生的确切原因，但多数理论都是围绕着回忆发展的。

我们在前文中看到，为了回忆起一段记忆（在这里是某个特定的词），指挥会提示一些联想内容，希望它们能引导你找到正确的旋律。当舌尖效应出现时，人们一般只能想起目标词的第一个字母，这个词的大致发音，之前看过的提到这个词的某本书，等等。这些都是乐团指挥在调取正确词语时进行的联想，但很遗憾，没有奏效。

为解决这个问题，很多人转向了识别模式。也就是说，他们开始玩猜字游戏了，希望别人能猜出这个词，大声说出来，从外部触发旋律。

如果舌尖效应是在你独处时出现的（比如在写作时），想要解决它，可以通过3个步骤来实现：第一，立刻写下你对它的一切联想（这个词的元音是什么，有几个字母）。第二，把注意力转移到其他事情上。当你不再专注于这个词的时候，它很可能会在5～10分钟后自动跳到你脑中。第三，一旦想起这个词，就把它写在联想列表旁边。通过这种方式，你可以将这个词重新链接到关联网络中，以便未来更轻松地调取它。

2. 开卷考试无法留下深刻的记忆

如果在考试等实战场合可以查阅笔记、课本或上网找答案，学生便无法学会从内部完善或记忆信息。相反，他们学习的是如何从外部定位和识别信息。

不要误会我的意思——定位和识别信息也是一项非常重要的技能，而且很可能正是你希望传授给他人的能力。例如，与其训练客服记住无数顾客常提的问题的标准答案，不如训练他们在数字化系统中快速找到每个答案的能力。

因此，我并不是想说一种考试比另一种考试更好。我只是想说，如果你的最终目的是帮助学生内化一些特定的观点，形成深刻持久的记忆，那么开卷考试会适得其反。

热点问题 3：

数字痴呆症

"科技是否降低了我们的记忆力？"

这里有一个只适用于某个年龄段读者的实验。首先，回答这个问题：

你小时候的电话号码是多少？

现在回答这个问题：

你现在最好的朋友的电话号码是多少？

尽管已经十几年没有拨打过小时候的电话号码了，但我还是能毫不犹豫地说出那串数字。然而，我却记不住我现在的手机联系人列表中的号码，虽然我昨天才给他们中一半的人发过信息。

这件事很容易被理解为"科技降低了记忆力"，但事实并非如此。（如果真是这样，为什么小时候的电话号码没有在记忆中消失呢？）事实上，科技改变的是我们记忆的方式和内容。

受数字设备影响的是回顾和识别记忆。我们只需要

筛选外部信息，而不是提出内部信息。重要的是，组织
和搜索外部信息需要大量的内部记忆（我们需要记住去
哪里找，如何搜索，信息服务于什么目的，等等）。因
此，我们尽管可能想不起某件具体的事，但始终记得如
何进行网络搜索才能迅速地将信息调取出来，并在看到
目标信息的一瞬间将其识别出来。

　　我知道这个问题非常敏感，所以不会在此处深入探
讨。我的目的并不是赞美或诋毁科技。我只想指出，科
技涉及的记忆调取方式与我们过去习惯的有所不同。

---

3. 利用卡片进行回顾和反馈

　　卡片是最古老也最伟大的学习技巧之一，只要利用方法
得当。秘诀在于制作既能回顾也能反馈的卡片。

　　在卡片的一面写上一个开放性的问题，另一面写上对应
答案（图57）。人们在阅读问题时，会触发特定的旋律，引
发相关联想，加强记忆交响乐。然后，把卡片翻过来读出正
确答案，可以防止产生错误记忆。

图 57　利用反馈卡片来帮助回顾

热点问题 4：

取　舍

"使用卡片时，我能否剔除答对的卡片，只保留答错的卡片？"

很多人认为卡片是"一次性"的学习工具：如果我已经成功记住某个概念了，为什么还要再在上面浪费时间呢？不幸的是，拿走答对的卡片并不是个好主意，原因有二：

首先，还记得丛林里的小路吗？我们回忆的次数越多，未来就能越轻松调取那些记忆。因此，如果拿走答对的卡片，就会减少回忆的次数，影响未来调取信息的能力。

其次，我们记忆一组内容时，会在这些内容间建立关联网络，这是回忆的骨架。如果拿走答对的卡片（继续攻克记错的内容），就相当于从这个网络中去掉了一个节点，减少了未来调取记忆时可利用的关联。

所以，不要在记忆的过程中去掉答对的信息。把卡片放在一起，才能构建起一个庞大、可靠的联想网络。

4. 会后立刻回顾

回顾永远不嫌早。

在演讲、回忆或培训课程结束后，立刻让大家收起笔记，花几分钟时间自由回顾一下前面讲过的重要信息和观点。这不仅有助于巩固记忆，也能帮助你（领导者、教师或教练）迅速判断哪些概念已经得到理解，哪些还需要额外巩固。

此外，可以让大家分组讨论或比较各自对内容的记忆和理解水平。这会让大家围绕新习得的内容建立起联想网络。

与其简单起身离开，来一次简短的回顾和讨论可以加深记忆，使听众获得更深刻的理解，建立更广泛的联系。

热点问题 5：

高 亮

"阅读时是否需要'高亮'标记？"

当然需要。"高亮"是一项伟大的技术，有助于引导视线，让你将注意力集中在关键的主题上，帮你找到重要信息。

不幸的是，"高亮"并不会加深记忆。

一般来说，人们将文字"高亮"，是为了在将来回顾时使用。这个句子中的关键词是"回顾"。你已经知道，回顾指的如果是简单重读文字，几乎不会有任何加强记忆的作用。

更好的办法是回到"高亮"段落所在的文本中，将内容用自己的语言表达出来，然后根据内容设计一些开放性问题（卡片）。你猜得到，这种从回顾转向回忆的方式可以让大多数人通过"高亮"来促进学习、提高记忆水平。

---

5. 如果目的不是学习和记忆，可以考虑识别

有时，能否顺利回忆并不重要。在设计用户界面、组织办公环境、开发网站等情况下，只要保证大多数人能轻松、迅速地识别出重要信息就可以（图58）。他们不需要记住什么。

如果目标不是形成深刻、可调取的记忆，可以考虑提高识别能力。把重要信息标注清楚，用图标来表示特定功能，用提示帮助人们定位当前进度（以及未来目标）。此外，在运用识别来提升便捷性时，要注意保持特定的程序或标志无变化、具有一致性。使用相同的标签、图标和提示线索才能确保人们总能快速找到需要的工具或功能。

记住：如果你采用了识别的方式，就不要指望他人在未来能回忆出具体的细节。例如，你可以问问自己：苹果商标的顶部是一根茎、一片叶还是一根茎加一片叶？

七宗罪的具体内容：

1. 嫉妒

2. 暴食

3. 贪婪

4. 色欲

5. 傲慢

6. 懒惰

7. 暴怒

图 58　不需要记住时，可以采用识别的方式

本章小结

回忆可以让记忆更深刻、持久、易调取。

- 回忆的次数越多，未来记忆就越深刻。
- 调取记忆的方式有回顾、识别或回忆三种。
- 回顾调取的记忆比较浅。识别调取的记忆程度尚可（虽然会很快消失）。回忆调取的记忆最深刻。
- 联想网络（相关观点或概念之间的联系）能够帮助回忆。

应　用

1. 把调取（尤其是回忆）融入日常学习。

- 提示回忆有助于建立联想网络，自由回忆则有助于加强联想。

2. 开卷考试无法留下深刻的记忆。

- 科技没有损害记忆力，只是改变了我们记忆的方式和内容。

3. 利用卡片进行回顾和反馈。

- 不要把答对的卡片拿走。

4. 会后立刻回顾。

- 在阅读时对文本内容进行"高亮"并不能帮助强化记忆。

5. 如果目的不是学习和记忆，可以考虑识别。

中场休息 4

请花大约15秒时间来研究和欣赏这张过去的成人教育海报。

第九章

先入为主

想法一旦钻进了你的脑子，大概率就留在那里了。

——美国人工智能理论家埃利泽·尤德科夫斯基

（Eliezer Yudkowsky）

我一般不喜欢猜谜语。我倾向于把它与老爸讲的笑话、真人秀节目和高中生活归为一类：当时很有趣，回想起来很尴尬。话虽如此，几年前我遇到过一个难忘的脑筋急转弯。

下面这个故事中哪里有问题？

儿子和父亲都得了病。遗憾的是，父亲的病迅速发展成肿瘤，于是父亲病故了。儿子活了下来，急需动手术，被紧急送往医院。医院喊来了外科医生。可一进病房看到病人，医生便大喊道："我不能做这个手术，他是我儿子！"

为了理解为什么这个谜语会困扰我，我们需要明确一个叫"先入为主"（priming）的概念。

先入为主的几种形式

图 59 洗漱用品

在上一章中我们了解到，每段记忆都关联着一些可被激活来支持回忆的联想内容。

但我没有提到的是，一旦激活了关联，它们不会立刻消退。相反，就像拨弦一样，这种联想会在大脑中持续共鸣很长时间。

为了证明这一点，试着补全下面的词。

S_ _P

你可以选择"船"（ship）、"汤"（soup）、"拍"（slap）、"停"（stop）等任何词，但我猜你一定填了"肥皂"（soap）。这是因为毛巾、洗发水和淋浴喷头的图像（图59）在你脑海中回荡，被你当成了破译这个单词的路径。

简言之，这就是"先入为主效应"。我们知道，大脑是

发达的预测器官。它经常做的一种预测是认为最近发生的事
会与不久后的未来发生的事产生关联（因果关系）。出于这
个原因，大脑保留了最近的思维模式，并以此作为感知和理
解新信息的指南。

让我们来看看你如何回答这个问题：

距离太阳第七远的行星是哪个？

读到这个问题时，你的大脑可能立刻活跃了起来。这并
不是因为问题很难回答，而是因为它和我们最近讨论过的任
何话题都毫无关联。这意味着你（和你的大脑）需要有意识
地去努力回忆并得出"天王星"的答案。也就是说，这里没
有发生先入为主的情况。

接下来看看这个：

烤（roast）　最（most）　主人（host）　鬼（ghost）
邮件（post）
你要把什么食物放进烤面包机里？

当你读到这个问题时，大脑活动放缓了。需要再次强调
的是，这并不是因为这个问题简单，而只是因为前面列出的
单词就可以轻松地引导你找到答案，不需要你付出额外的努
力。也就是说，这里出现了先入为主的情况。

问题在于：你是给出了"吐司"（toast）的错误答案，还是"面包"（bread）的正确答案？[①] 这就是先入为主的作用：即便被激活的联想并不完全适用于眼前的任务，我们也会抓着它们不放。

虽然先入为主存在各式各样的表现形式，但有三类会产生较强的影响。

概念的先入为主

你能把下面这个常用词补充完整吗？

_EX_G_ _

可以说，概念的先入为主（concept priming）是最简单（最常用）的一类。这是一种为了给解释和理解新信息提供指引而激活特定事件或类别的过程。

你如果和大多数人一样，可能在解上面的字谜时遇到了点儿麻烦。现在，让我们进行一些概念的先入为主行为：

圆形（circle）　三角形（triangle）

方形（square）　五边形（pentagon）

---

① "吐司"指已经用烤面包机烤过的面包片，因此不符合要求。——编者注

　　回到字谜上，现在是不是有答案了？这个词当然是"六边形"（hexagon）。这就是概念的先入为主的力量。通过激活相关联的事实，让它们在你的大脑中回荡，你可以轻易破译看似困难的内容。这就是为什么许多老师会在课前 10 分钟复习前几节课学到的内容：在概念上先入为主，以使新观点更容易被定位和记忆。

　　概念的先入为主是广告业的基石。下次看电视时，注意一下商业广告的剪辑顺序。这种广告绝不会直接跳到产品或服务上，而是会用一种情境作为开场的渲染：可能是快乐的一家坐在餐桌边，亲密的情侣在热气球上接吻，或是饱经风霜的男人在野外的河边钓鱼。这些简短的小场景就是对概念的先入为主的应用，为的是触发某种特定的情绪。接下来，要被宣传的产品才会出现，而你不禁会把它和令你产生情感共鸣的镜头联系起来。（"我从来不知道一个互联网服务供应商能给我带来如此多的快乐！"）

预期的先入为主

　　　　科学证实，男性大脑中的"计算"区域比女性的大。这就是为什么在数学能力测试中，男性通常比女性表现得更好。

　　你可能听过这种话（或类似说法）。当然，这听起来很有说服力，但糟糕的是，这完全是一派胡言。大脑中根本不存在某种简单的"计算"区域，（只要接受相同的教育）两性在数学考试中的表现一样好。

问题在于，如果学生在参加数学考试前听到这种说法，一切就变了。暗示女生的数学很差会大幅削弱她们的发挥水准，而暗示男生的数学很好会大幅提升他们的发挥水准。一个明显错误的论点可以迅速发展为一个自我验证预言，这才是货真价实的情况。

这种现象叫"预期的先入为主"（expectancy priming）。它激活了特定的期望或信念，引导人们感知、理解和应对各种情况。

在这种情况下被激活的是"数学和性别"的预期。它不会导致人突然记住或忘记基本的数学知识，而主要改变的是人们对困难的反应。对自己期望值较低的女性更有可能将挑战解读为自己存在先天缺陷的证明，并在遇到挑战的第一时间放弃。另一方面，预期较高的男性则会将挑战理解为战斗的号召，一旦有这方面的迹象便会加倍努力。

重要的是，这个过程是双向的。虽然期望可以是受到内部引导并被用来理解自身的思想和行为的，它也可以是受到外部引导并被用来理解他人的思想和行为的。

举个例子，让两组人阅读和评价同一份学生论文。事先告诉第一组，这篇文章是一个非常聪明的学生写的，他总能拿高分。相反，告诉第二组，这篇文章是一个懒惰的学生

法院推翻纵火案判决

墨尔本：联邦法官推翻了自己在2014年纵火案中做出的有罪判决。在对案件进行审查后，该法官认为证据太过"间接和模糊"。原本被判定纵火烧毁两栋房屋的托马斯·琼斯即将出狱。此刻他已服完原定五年刑期中的三年。

与

纵火犯被放虎归山

墨尔本：联邦法官推翻了自己在2014年纵火案中做出的有罪判决。在对案件进行审查后，该法官认为证据太过"间接和模糊"。原本被判定纵火烧毁两栋房屋的托马斯·琼斯即将出狱。此刻他已服完原定五年刑期中的三年。

图 60 新闻标题体现了预期的先入为主

图 61 我想我应该多吃点儿薯片

写的，他总是及不了格。你能猜到会发生什么吗？虽然每个人看到的都是同样的句子，但认为这篇是好学生写出的那些人，总会比认为是懒学生写出的人给出的评价更高。

我们一旦了解食物是由名厨烹饪的，会感觉食物更好吃；葡萄酒如果装在著名品牌的瓶子里，喝起来也会感觉更醇厚；如果告诉我们水是从北极冰川采集到的，水尝起来也会更好喝。这就是外部预期的力量。不要低估这种先入为主的效应在新闻业中的作用（图 60）。

策略的先入为主

你能不用计算器解出这道题吗？

（备注：容积 = 长 × 宽 × 高。）

如果让你在泥里挖一个 2 米宽、3.5 米长、5 米深的长方形坑，坑中泥巴的总量是多少？

在一个简单的实验中，研究人员将受试者分成两组，每组给一大碗薯片，然后让他们坐下来看几个小时电视（图61）。第一组受试者观看的节目中穿插着普通商业广告（汽车、银行、服装等），而第二组受试者观看了同样的节目，只不过穿插的广告变成了人们开心地大吃薯片的。信不信由你，那些看薯片广告的人比看普通广告的人吃的薯片更多。

　　好吧，在你把这个现象归类为"常识"前，我们来快速讨论一下为什么会发生这种情况。在这里我们研究的现象叫"策略的先入为主"（strategy priming）。它与概念的先入为主（激活事实）和预期的先入为主（激活预期）不同，策略的先入为主激活的是具体的流程或指令，可以指导人们以某种方式处理面对的任务。在这种情况下，在电视上看到人们吃薯片的行为就会激活"当你看到薯片时，就吃掉它们"的指令——人们正是这样做的。

　　和所有类型的先入为主一样，这个过程也可能走入歧途。看看上面关于挖坑的问题。先入为主的策略是"使用乘法"。你很可能认真地计算了这个坑的体积（35 立方米）。不过，让我们在没有先入为主提示的情况下再来看看这个问题：

　　如果让你在泥里挖一个 2 米宽、3.5 米长、5 米深的长方形坑，坑中泥巴的总量是多少？

　　这一次你可能会发现，根本没有必要将数字相乘。事实上，这些数字是毫无意义的。根据叙述，这个坑里没有泥巴，所以正确答案是"0"。

回到起点

　　让我们回到本章开头的问题上。我之所以觉得它有趣，是因为它体现了上文中全部三种类型的先入为主。现在重读一次，看你是否能辨认出来：

下面这个故事中哪里有问题？

　　儿子和父亲都得了病。遗憾的是，父亲的病迅速发展成肿瘤，于是父亲病故了。儿子活了下来，急需动手术，被紧急送往医院。医院喊来了外科医生。可一进病房看到病人，医生便大喊道："我不能做这个手术，他是我儿子！"

概念的先入为主：故事在一开始重复出现了"父亲"和"儿子"两个词。这些词激活了"男性之间的亲属关系"的联想。基于这个原因，在最后读到"儿子"的时候，很多人会认为它仍然在指男性之间的亲属关系。

预期的先入为主：虽然情况在逐渐变化，但医学一直是男性主导的领域。位于中段的"医院"一词激活了"男性主导"的预期。出于这个原因，在最后读到"外科医生"时，很多人会默认这个词指的是男性。

策略的先入为主：故事开头问了一句"下面这个故事中哪里有问题"。这句话暗示确实有某个地方出了问题，从而激活了"搜索错误"的指令。因此，在阅读这个故事时，很多人会积极寻找其中逻辑、语言、语法等方面的错误。

你一旦摆脱了所有这些先入为主的影响，很快就会明白这段叙述中根本不存在问题：这只是一个关于男孩、他的父亲和母亲的简单故事。

陷　阱

当你对某场会议或某个课程有完全的掌控权的时候，你可以利用先入为主的方式来快速、轻松地引导学习者沿着你期望的方向前进。不幸的是，我们很少有这样的机会。事实上，人们会不断激活自己的概念、预期和策略，而这可能与你试图利用先入为主灌输的内容相冲突。这就是为什么研究人员指出，虽然先入为主在严格控制的人工实验室环境中有很好的效果，但在混乱的现实世界中可能是相当不可靠且不可预测的。

因此，在考虑如何更好地利用先入为主来提高影响力时，有两件重要的事要牢记：第一，永远不要依赖先入为主。因为这是一种比较挑环境的策略，而且不一定一直有效，不要用它来代替本书介绍过的其他更可靠的策略。我们可以做的是用先入为主对其他策略进行支持和补充。第二，明确自己希望利用先入为主策略达到怎样的目标。明确自己想要的具体结果，才能在先入为主失败的时候立刻转为使用其他方法来指导学习者。

无论如何，先入为主只是一种锦上添花的手法，因此不要把所有鸡蛋都放在这个篮子里。最好把它当成辅助策略，才会看到好的效果。没有糖霜的蛋糕仍然是蛋糕，只是尝起来可能没那么甜罢了。

对演讲者、教师和教练的启示

1. 充分利用第一印象

　　无论我们喜不喜欢，第一印象总是存在的。别人向我们介绍新人或新情况的时候，我们可以在 30 秒的时间内做出判断并激活预期。有趣的是，这一瞥在大脑中造成的第一印象很少受到逻辑或有意识思考的影响，相反，它们会受到大脑的情感中枢——杏仁核的驱动。这意味着，在涉及第一印象的场合，我们要考虑哪些感觉能够更好地把他人引到我们希望的方向上去。

　　举例来说，演讲时我一般穿休闲服装，以自由流动、全体参与的小组讨论做开场。我这样做是因为我希望给人带去一种安全感（第一印象）：我希望每个人的安全感都足够多，让他们明白有人会听他们说话，让他们放心参与讨论。

　　有一次，我在给一群孩子上课时被要求穿西装打领带。你可能猜到了，我给学生们的第一印象变成了权威人士，这让他们感到害怕，他们整堂课都安静地坐着。我不管怎么努力，都无法让他们打破沉默，激起他们互动的兴趣。当然，这并没有阻碍学习，但我们的课堂变得更具说教性和学术性，与我的本意相去甚远。

热点问题 1：

能创造，也能毁灭

"第一印象是变不了的吗？"

好消息是：第一印象是可以被打破的，但方式可能和你预想中不太一样。

直觉告诉我们，第一印象会随着时间的推移而自然消退。就算和一开始不喜欢的人相处，只要时间够长，你也会慢慢看到他们的长处，可能最终会喜欢上他们。不幸的是，第一印象并不会像烧蜡烛那样逐渐消失，而是会像硬币一样两面翻转。

鉴于第一印象是通过情绪反应形成的，打破第一印象需要更强烈且相反的情绪反应。例如，如果你对我的第一印象是害怕，而我花了几个月来告诉你我并不是一个可怕的人，这对改变你的看法而言几乎毫无作用。但是，如果我踩到香蕉皮摔了一跤，你对我的印象就可能变成"愚蠢"。如果我用温暖的毯子包裹住一条冷得发抖的狗，你对我的印象就可能变成"有同情心"。如果我告诉你我过去的一次悲惨经历，你对我的印象就可能变为"值得同情"。情绪会给人留下印象，也会打破印象。

2. 让大家思考同一件正确的事

你如果认为人们在参加会议、演讲或听课时脑内回荡的声音是一样的，那就大错特错了。有些人可能在想早餐，有些人可能在想任务的截止日期，有些人可能在想某个新电视节目。这些挥之不去的联系会影响人们解释和记忆新信息。知道这一点后，我们就有必要花些时间让所有人跟上演讲内容，思考相同的问题。

除此之外，让所有人思考正确的事同样重要。如果在会议开始前，你放任某个人在可怜的自动售货机上发泄他的不满，那么毫无疑问，大家的思维都会在这件并不能像你希望的那样很好地起到引导作用的事上打转（除非你希望他们用消极滤镜来看待你讲的内容）。

因此，我们可以参考老师们的经验，在一节课前5~10分钟内回顾一下相关内容，对其进行激活。重要的是，不要机械地回顾：事实上，这是使用回忆策略（例如，准备一个游戏式的测试）、错误策略（列出常见的错误）和故事策略（讲一个吸引人的故事）的绝佳机会。

值得注意的是，有时候你不希望大家都去思考同一件事。比如，你想促进意见交流，建立有创意的新联系，或者帮助他人对不同的想法进行阐释，那么概念的先入为主可能会阻碍你达成目标。只有在想让大家沿着你希望中的路前进时，才指引大家这样走。

3. 热身环节会影响表现

事实表明，我们激活的第一个策略会影响他人解释和处理未来信息的方式。以辩论开场，听众会更倾向于对你提供的信息采取批判的立场。以比较或对比讨论开场，听众会更倾向于在你呈现的信息中寻找更大的模式和联系。用记忆测验开场，听众会更倾向于关注你呈现的内容的细节。

明确自己希望他人在演讲、课程或培训中使用怎样的策略，会帮助你相应地确定和设计初始（回顾）任务。

4. 利用盲审

我们已经了解，外部预期会影响我们对他人工作的理解和判断。知道某个不受欢迎的同事参与了特定的项目后，我们很容易拒绝加入，错失潜在的好机会。同样，知道朋友参与了某个项目后，即便项目的内容很平庸，我们也容易接受。

尽量用"盲审"的方式进行材料评估。跳过封面页，遮住名字，忽略信头。隐去作者、背景和来源后，你可以降低外部预期的影响，对观点本身做出更准确的判断。

热点问题 2：

性别之争（第二部分）

"等一下……男人和女人的大脑到底有没有区别？"

图 62 中的两个大脑一个是男性的，一个是女性的。你能区分它们吗？

有意思的是，没人分得出来！事实上，如果你让 100 个脑科学家来玩这个游戏，绝对没有人能始终准确地区分男性和女性的大脑。

在第五章中我们了解到，不同性别在处理多任务时并没有明显的差异，差异全部在于个体。这里也是如此。大脑不是按性别来组织的。它们会随着情绪、环境和经历等方面的变化而变化。大脑就像指纹一样，每一个都是独一无二的。

基于此，所谓的"男性大脑"和"女性大脑"的称法是没有意义的，"大脑"一个词就够了。

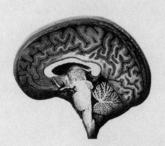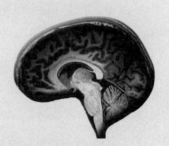

图 62　男性和女性的大脑

5. 把认知策略演示出来

我们倾向于把策略等同于行动。基于此，在演示某个过程或程序的时候，多数人关注的是动作。原因很简单：人们看到专业人士完成某项特定任务后，会认为自己也能够模仿并掌握技巧。

毫无疑问，演示是最有效的教学技巧之一，因此要经常使用它。但重点是，要认识到演示不仅仅是肢体层面的，也包括精神层面的。因此，最好能明确展示针对不同情况挑选不同策略的思维过程。

举个简单的例子，假设我在教你乘法。我不仅带你过了一遍数字相乘后不断增加的行为过程，还用语言描述了我在心里是如何处理和评价这类问题的。例如，我会解释说，"首先，我们要寻找计算符号，来确定采用什么计算方式（在这个例子中，我看到了一个 ×，便知道要做乘法）。接下来，我要保证上下两排对齐……"，等等。

了解思考的过程可以帮助人们在不同情况下对它进行应用和调整。

此外，很多人在执行某个特定程序时从不会对自己的思路进行反思。将自己的潜意识思维过程明确表达并传授给对方，实际上可以帮助你（领导者、教师或教练）更好地理解和调整自己的实践行为。

热点问题 3：

意　识

"先入为主是永久性的吗？有没有方法能打破它？"

想要打破先入为主的情况是极其容易的，但所有操作都需要有意识地完成。

还记得之前看到的"roast"和"toast"吗？记住这个例子，看看下面的内容：

玩笑（joke）　　戳（poke）　　烟（smoke）

泡（soak）　　断（broke）

鸡蛋白色的部分叫什么？

我猜这次你不会说"蛋黄"（yolk）了，哪怕先入为主现象明显在引导你这么说。这是因为只要知道了先入为主的效果，你就会察觉到它的存在并摆脱其影响。幸运的是，意识对所有类型的先入为主都有效果。例如，认识到"性别和数学能力相关"这种先入为主观念的女性也会在数学考试中有良好的表现。

但要小心的是，意识可能会起到反作用，让先入为主朝相反方向走去。例如，如果知道冠上大厨名字的饭菜是为了让自己觉得更美味，有些食客反而会给食物报复性差评。正如上面提到的，不要高估先入为主的效果：它是很脆弱的，而过分依赖它可能会弄巧成拙。

热点问题 4：

预防针

"我能识别和避免很明显的先入为主……但如果是我意识不到的呢？有办法抵抗它的影响吗？"

给自己打预防针的秘诀是，在先入为主的暗示出现之前，就预测它的可能形式并思考应对方式。我们一般称这个过程为"如果—那么"计划。

原理很简单：一旦设定好目标（比如"我想做一个30分钟的演讲"），就花几分钟时间预想一下，考虑实现目标的过程中会遇到哪些潜在的障碍（"我可能会被什么分心，忘了自己说到哪里了"）。接下来，决定当障碍真的出现时，采取哪些有针对性的行动（"如果忘了，我就让听众提醒我我刚才说的最后一句话是什么"）。

制订这样的"如果—那么"计划后，你已经预料到了所有可能导致自己分心的先入为主的形式（比如，预期的先入为主可能是，有人让你想起了过去某次讲砸了的情况）。正如我们前面看到的，一旦你意识到这是一种先入为主，它就不会再起作用了。这意味着应急反应计划足以防御先入为主的袭击。

本章小结

提前激活能够影响他人学习的事实、预期和策略。

- 大脑会记住最近发生的事,将它与新信息联系起来(因果联系)。
- 对这种模式的利用就是先入为主效应。
- 概念的先入为主激活事实,引导理解。
- 预期的先入为主激活预期,引导感知和反应。
- 策略的先入为主激活流程,引导表现。

应 用

1.充分利用第一印象。

- 感受可以创造第一印象,也可以打破它。

2.让大家思考同一件正确的事。

3.热身环节会影响表现。

4.利用盲审。

- 我们尚未发现男性与女性的大脑有任何性别导致的差异。

5.把认知策略演示出来。

- 意识到先入为主效应,可以避免受其影响。
- 可以使用"如果—那么"计划来预测和避免受到先入为主的影响。

第十章

故　事

大脑中不具有关联的内容就像不带超链接的网页：可能根本不存在。

——加拿大心理学家史蒂芬·平克

（Steven Pinker）

在这样一个专门讲故事的章节中，必须用一个引人入胜的故事做开头才行。也许我应该写一个我童年时发生的故事，它要具备令人屏息凝神的惊险过程和揪心的悲伤，达到坚定人们对爱之力量的信念的目的……

现在，你可能已经意识到了，我很少走"传统"路线。所以，与其让我来想出这个完美的故事，不如让你来做这项繁重的工作。

为了完成这项工作，你需要计时器和纸笔。

第一轮

下面是一个词语列表。你的任务是花60秒记住尽

量多的词。在这一轮记忆中，试着在脑海中把每个词视
觉化。

开始计时！

球	房子	船
自行车	狗	花
电影	孩子	椅子
手	鹅	眼镜
电话	瓶子	书

很好！现在我们再迅速玩一轮，但这次要做一些小
调整。

第二轮

下面是一个新的词语列表，和第一轮一样，你的任
务是花 60 秒记住尽量多的词。但是在这一轮中，希望
你不要把单词视觉化，而是试着把它们想象成一个连贯
的故事。比如你看到"毛毛虫""帽子"和"苹果"时，
可以想一个简单的故事："戴着牛仔帽的饥饿的毛毛虫
在多汁的苹果上啃出一个洞。"

开始计时！

餐厅	汽车	花瓶
女巫	糖果	桌子
蜥蜴	西装	笔记本电脑
牙齿	脚	帽子
叶子	心脏	灯

不错，我们稍后再回来讨论这个实验。现在，让这两份清单在你的潜意识中淡去吧。我们换个方向，关注一些新内容。

记忆的地标

在本书中，我分享了许多故事。其中一个是潜水员在水下记单词，一个是亨利·莫莱森切除海马后再也没有形成任何新的陈述性记忆，还有一个是我第一次看到ABBA《舞蹈皇后》的音乐录影带。

当然，这些故事很有趣，（希望）你读起来也有同样的感觉，但我把它们收入本书，有着更深层次的原因。为了理解这一点，让我们快速认识一下城市规划的世界。

早在袖珍地图和全球定位系统出现之前，人们需要一种快速、便捷的方式在不断扩大、日益混乱的城镇中确定自己的位置。解决方案是：在城中心竖起一座极高的塔、尖顶建筑或雕塑。只要这座标志性建筑比周围的建筑物高，每个人就都能轻松地看到它，并将其作为一个简单的地标，用来确定自己的方位，决定该往哪儿走。

事实证明，记忆也与之类似。你现在已经清楚，每段记忆都与很多其他认知存在关联。随着关联网络的扩展，定位和组织信息会变得越来越困难。因此，为了帮助驾驭这些网络，我们需要标志性的东西——令人印象极为深刻的记忆，来帮助我们确定方向，理解相关内容。

这就是用来引发联想的故事。

故事就像脑海中的埃菲尔铁塔：它在我们脑海中有着格

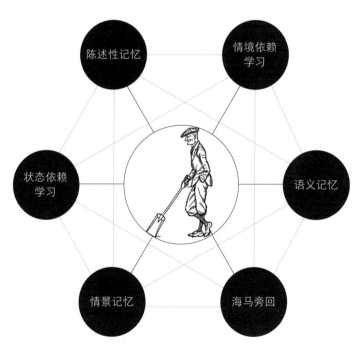

图 63 我叔祖父的关联网络

外显眼、不可磨灭的印象，是理想的记忆地标。因此我们会围绕它来建立和组织联想网络。

这就是我讲述我叔祖父用一把旧铲子打高尔夫球的故事的原因（图 63）。当然，这个故事本身也很有趣，但我选它来讲是因为可以将它作为连接后续概念的地标。我的叔祖父身处一个中心枢纽的位置，可以轻松地与情境和状态依赖、情景和语义记忆等概念关联。

在我们深入讨论为什么故事令人如此难忘之前，有必要先准确定义故事到底是什么。

故事的定义

关于什么是故事、什么不是的争论已经持续了几千年。从亚里士多德到斯蒂芬·金，每个人都有自己的观点，没有哪个定义能得到一致的认可。幸运的是，我们至少可以提取出故事的一些共性，来对这个棘手的概念进行澄清。这么做虽然绝不可能解决这场持续数千年的争论，但对我们现在的目的来说已经足够了。

再简单的故事也必须具备以下 3 个要素：

1. 物理刺激。
2. 心理刺激。
3. 听众。

物理刺激

故事大部分是由行动组成的：它们是一些孤立的事件、时刻和事实。例如，"狗叫了""猫爬上一棵树""松鼠昏了过去"这些都是动作。

但仅仅是列出这些动作并不能构成故事。这些动作必须联系在一起，形成明确的因果顺序。这就构成了情节。例如："因为狗叫了，猫爬上一棵树，导致松鼠昏了过去。"现在我们就构建起了一个故事。

心理刺激

故事还要具备反映或推动情节发展的精神和情感因素。这种心理冲击会导致性格、动机和意义的出现。例如："因为狗愤怒地吠叫，猫害怕了，于是爬上一棵树逃跑。松鼠以为猫会吃了它，以一种夸张的方式晕了过去，想骗猫以为它死了。"现在我们有了一个故事！

值得注意的是，这些心理因素使得同样的情节产生了无数变化。例如，"因为我没有做成这笔交易，所以我羞愧地辞去了工作"和"因为我没有做成这笔交易，所以我不得已丢掉了工作"情节相同，但故事却截然不同。请看下面的问题：

下面描述的是哪本书、电影或电视剧中的情节？

• 主人公意识到自己失去了（或迫切需要）某件特

别的东西……

- 因此，他／她离开了家，去寻找这件东西……
- 在寻找的过程中，他／她遇到了很多不同的人和事……
- 这些经历让他／她更了解自己的能力了……
- 找到自己想要的东西时，他／她已经焕然一新了。

物理刺激是从《奥德赛》到《海底总动员》，从《爱丽丝梦游奇境记》到《阿呆与阿瓜》，从《指环王》到《行尸走肉：第一季》的核心。但是，几乎没有人会把这些故事搞混，因为每个故事的心理刺激都是独一无二的。

听　众

最后，故事需要以某种形式分享或传播，可以通过口头、视觉、触觉，等等。不为人知的故事称不上故事，只是一个想法而已。基于此，故事很大程度上是一种社会现象。

现在，我们来看看这些元素是如何协同工作，把故事变成记忆中令人印象深刻的地标的。

关联（物理刺激）

在上一章中我们了解到，大脑中经常回荡着之前发生的事情。这种回声是我们解释和理解新事物的途径。换句话说，大脑一直在工作，将连续的时刻联系在一起产生意义。想想梦吧。白天清醒时回想，很明显，梦是各种不相关时刻的毫无逻辑的混合体（你前一分钟还在山峰间飞翔，下一刻就要去学校参加考试了），但在黑暗的夜晚进入梦乡后，你做的梦只会让你感到合理（飞过这些山峰后当然要去考试了！）。这是大脑在连续行为间建立一个连贯的因果链的证明。

听起来很熟悉吧？任何故事的主要元素都是将连续的行动串联成一个连贯的因果链的情节。

这就是为什么故事令人如此难忘：它们在模仿大脑天然的工作方式。你在看到一些孤立事件的时候，必须花时间和精力才能把它们明确地联系在一起。当然，如果把它们编成一个故事，就不需要额外努力了：故事可以轻松地沿着大脑内已经存在的因果关系链条延展。

要看看它是怎样起作用的，就让我们回到本章开头。

第三轮

1. 不要往前翻，花 30 秒钟回忆第一轮中的词。计时开始！

2. 也不要往前翻，花 30 秒钟回忆第二轮中的词。计时开始！

现在，翻回前面，看看自己哪一轮回忆起的词更多。

也许你会以为把词语视觉化（第一轮）可以提高记忆力。实际上，这种策略只会让每个词变得更孤立。相反，编故事（第二轮）可以把所有词连成一个因果链。由于后者符合大脑天然的工作方式，你更有可能记住第二轮的词，而不是第一轮的。

"我们用故事来思考"这句话并不仅仅是一个比喻。

模拟（心理刺激）

当你执行某个特定动作（比如扔球）的时候，大脑会有特定的运转模式。有趣的是，就算你只是想象自己在做这个动作，大脑也会以这种模式运转。这就是为什么在心中演练是运动训练中的重要技巧：大脑其实不太分得清哪些是真的，哪些是想象的。

妙就妙在这里：每当你在一个故事中听到某个人做了同样的动作（扔球），你的大脑就会重复与之相同的模式。但如果你单独看到这个动作（"这个人扔了个球"），这种情况是不会发生的。一旦这个动作嵌入一段故事，你的大脑有很大概率会做出反应，就好像自己在做这个动作一样。

这意味着我们不仅仅在听故事，还在经历故事。它是最初的（可能也是最好的）虚拟现实工具。

故事也会在我们心理和情感方面造成同样的影响（图64）。在看到一个故事的时候，我们会在心理上模拟其中的思想、观点和感受。更重要的是，大脑对这些模拟的反应就好像它

图 64 故事会让听众进行心理和情感上的模拟

们是真实的一样。这意味着我们不仅能感受到角色的感受，还能从感受中学习。

就像模拟飞行器可以帮助飞行员在心理上为航行做好准备一样，故事也可以做到这一点。虽然我一辈子都不太可能被诬陷入狱而只能靠一把小石锤挖出隧道出逃，但在人生中的某个阶段，我很有可能感到压抑，渴望通过自己的力量挣脱困境，因此电影《肖申克的救赎》（*The Shawshank Redemption*）就能帮助我在心理和情感上为这一刻做好准备。

同步（听众）

大脑会产生一种有趣的化学物质"催产素"（oxytocin）并将其释放到全身。我们虽然还没有了解它的全部功能，但已经知道它最常见的释放时间是在母亲哺乳或伴侣亲热时。因此，很多研究人员认为，这种化学物质可以促进亲属或亲密关系的形成。

　　我之所以提出这一点，是因为催产素也会在我们沉浸于某个故事时释放。这也许就是我们有时会对故事中的某些人物产生极度依恋的原因之一。而更重要的是，这也可能是我们有时会对某些作者产生极度依恋的原因之一。

　　我之前提到的故事的社会性质便在这里显现出来。故事可以跨越大陆、海洋，甚至穿越几个世纪，在讲述者和听众之间建立起牢固的联系。如果在演讲和上课时使用这种技巧，这种联系会赋予听众安全感，极大地提升求知欲。事实上，当人们沉浸在故事中时，他们的脑内模式会努力贴近讲述者的。这就是"神经耦合"（neural coupling）现象（图65）。这种时候，人们不仅会互相学习，也会彼此喜欢。

故事无效的情况

　　在我们探讨如何利用故事来增加影响力之前，有一件很重要的事需要注意：故事不是永远有效的。

　　在人们对某个话题毫无概念的时候，讲正确的故事可以帮助他们建立起一个记忆地标，让他们围绕其理解、组织和关联新信息。

　　但是，当人们对某个话题已经有了深刻的理解，他们很可能已经有了各自的记忆地标，并围绕它建立起了关联网络。基于此，专家一般喜欢接收纯粹的信息，不需要额外的描述。事实上，专家眼中故事一般是"多余的"，反而会转移他们的注意力。

因此，你需要了解的是，在不同时间对不同人群要讲不同的故事。我不是说在与知识渊博的人一起工作时要彻底抛弃故事。根据我的经验（虽然是特定条件下的），故事只要足够复杂、细节足够丰富，即使讲述对象已经是专家，仍然能对他们理解、整合前沿概念产生影响。

图 65　讲述者和听众之间的神经耦合

对演讲者、教师和教练的启示

1. 以故事开场

在演讲、授课或培训时用故事开场，有 3 个可预见的好处：

首先，正如我们在上一章读到的，让听众思考同一件事（而且是正确的事）可以引导他们用我们希望的方式解释和记忆新观点。要做到这一点，最好的办法之一就是讲一个抓人眼球（且与主题相关）的故事，把前面学过的知识和即将讲到的概念整合在一起。

其次，在催产素和其他因素的作用下，故事可以让人感到放松，更愿意学习。此外，还要感谢神经耦合现象，它能帮助听众根据你的方式提高对新概念的理解水平。

第三，已经有研究证明，心理模拟可以提高参与度。正如我们前面看到的那样，参与度高并不等同于学习效果好。因此，我们不能指望让故事来承担全部教学功能。但是，如果故事后面还跟着相当扎实的教学内容（参考本书探讨的技巧），那么这种很强的参与感可以激励人们把时间和精力投入学习。

热点问题 1：

有效的故事

"我们已经知道了故事的构成元素……但好故事是由什么构成的？"

毫不夸张地说，已经有成百（也许上千）的书探讨过这个话题了……而我只有区区几页纸。

这就是生活。

我们已经知道，故事必须有情节：推动物理行动的因果链（图66）。事实证明，很多好故事都有相同的情节结构。

这种结构在稳定和不稳定之间来回摇摆。故事的开始（起点）处于一种稳定状态：人物有常规的生活，世界是平衡的。不幸的是，某个行为或事件（转折）打破了这种平衡，把世界扔进了不确定性中。故事的其余部分（上升情节）都体现了为重新达到平衡而做出的努力。最后，一个终极事件（高潮）会让世界重新实现稳定性，尽管此刻的稳定可能已经和开始时不同了（结局）。

这个过程可以总结为6句话：

从前有个……（起点）

每天都在……（起点）

直到有一天……（转折）

因为这件事……（上升情节，重复多次）

直到最终……（高潮）

从此以后……（结局）

故事是什么？

用上面的 6 个句子举个例子，看看你能不能猜出下面是哪个故事。

从前有个……年轻女孩。

每天都在……为她邪恶的继姐姐们擦地板。

直到有一天……她收到了舞会的邀请。

因为这件事……她获得了一条裙子和一辆马车，和王子跳了舞，半夜跑回家时丢了水晶鞋。

直到最终……王子给她穿上了水晶鞋。

从此以后……她快乐地生活下去。

几乎每个故事都可以重复这个过程。

物理刺激的问题解决了，那么心理刺激（图 67）呢？是否存在某种好故事遵循的共同的精神或情感轨迹？根据库尔特·冯内古特（Kurt Vonnegut）[①] 的说法，

---

① 库尔特·冯内古特（1922—2007），美国作家、黑色幽默文学代表人物之一，代表作有《第五号屠宰场》《猫的摇篮》《囚鸟》等。——译者注

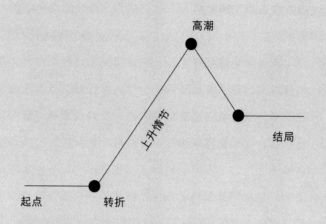

图 66 物理刺激

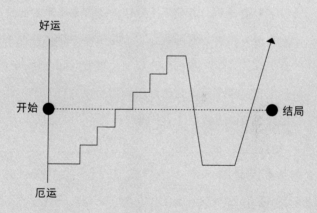

图 67 心理刺激

确实是有的,而其中一个被他称为"我们的文明中最流行的"。

这种结构建立在厄运和好运相互作用的基础上。通常情况下,在故事的开头,每个人都很好。尽管人物渴望更多,但生活还是简单的。在一个转折之后,命运开始转变。人物变得更大胆、更勇敢、更快乐。然而,就在高潮之前,运气突然耗尽了。在这一刻,一切都结束了,好像生活又回到了起点,什么都不会真正改变。然而,在高潮之后,事情又发生了变化,运气再次飙升。

让我们回到灰姑娘的故事里。在故事开头,她悲伤地接受了自己不那么幸福的生活。然而,当她收到参加舞会的邀请后,情况开始好转。她在准备舞会的过程中越来越有活力,随后遇到王子并和他一起跳舞。一切都很顺利,直到午夜的钟声敲响。突然之间,她匆匆忙忙赶回家,回到了她日常的压抑生活中:当然了,什么都不会改变。但随后,王子再次出现,一切都成了历史。

热点问题 2:

故事类型

"故事有哪些不同类型?"

故事的影响力完全取决于你讲故事的目的。以下是

一些比较常见的故事类型及讲述的主要目的:

起源型

这类故事关注的是某个特定的事实、观点或过程的诞生。例如，勾股定理曾经是不存在的，但有一天它突然出现了，发生了什么？每个优秀的起源型故事不仅关注中心议题是怎么诞生的（某个邪教一样的数学家小组一起琢磨出来的），也关注背后的原因（这个小组相信数字就是上帝，想通过数学研究与上帝交流）。

这类故事可以被用来驱动对话题的兴趣，并将知识内化。另外，了解观点的由来，会引导人们根据某个主题的"基础"来组织观点。

争议型

这类故事关注一个难以调和的冲突或矛盾，例如，十几个士兵前往敌后营救一个战俘的故事。这种类型常常游走在模糊的道德边缘，没有正确或错误的答案，可以促使人们质疑自己的假设，扩大他们对一个主题的理解，将看似不同的想法联系起来。

应用型

这类故事关注一个人过去（或现在）如何使用特定的知识体系来解决现实世界的问题。例如，有个人用渔具来清理海洋垃圾。这类故事可以激发对事件的个性化看法，让我们考虑学术问题如何影响现实生活，促进我们创造性地解决问题。

人情型

这类故事是个人化的，取材于讲述者的个人生活。这类故事是为了与听众建立联系，提高听众的参与度和学习意愿，以及知识的内化程度。

悬崖型

悬崖型故事适用于所有类型。开始讲述，讲到高潮……留下神秘的结论（要么在后面解释，要么让观众自己寻找）。这类故事就像电视节目一样，会激发人们的好奇心，激励他们去填补知识上的空白。

热点问题 3：
讲述方法

"我已经选好了合适的故事……有没有什么技巧能让它更吸引人？"

帮助人们更好地讲故事的方法数不胜数。

有些人建议在讲话的同时把故事表演出来——但不

适用于参加电台节目或是录制播客的情况。还有人建议调整自己的声音来扮演不同的角色——但如果你讲的是一个非常个人化、情绪化的故事，这样做会显得很傻。

最终你会发现，并不存在讲好故事的简单通用的方法。事实上，我唯一愿意给出的建议是：试着去感受故事。

如果讲述者和听众之间出现了神经耦合现象，那么讲述者的感受自然会影响听众的感受。我听我爸讲过几十次他遗失怀表的故事。每次讲这个故事的时候，他都会发自内心地大笑起来，于是我也会忍不住笑。相比之下，我有一位前同事对在课上一遍遍讲同样的故事感到厌烦。当他不投入时，学生也无法受到感染。

你与故事的情感联系将决定其他人能否与它同步、与你同步。除此之外的事都是锦上添花。

2. 最初的故事影响深远

作为出生于 20 世纪 80 年代的孩子，我第一次接触的《星球大战》系列是最初的三部曲。20 世纪 90 年代末前传系列上映的时候，我会忍不住把它们和我看过的第一部进行比较（并得出负面结论）：怎么没有楚巴卡？不行啊。

我的侄子出生于 2000 年后。他第一次接触的《星球大战》系列是前传。他终于抽出时间看正传时，忍不住把它们和自己看过的第一部进行比较（并得出负面结论）：没有加·加·宾克斯？不行啊。

既然故事是我们在之后组织联想的地标，我们听到的第一个故事就会成为我们理解和阐释整个知识体系的动力。因此，要保证你用来介绍某个特定主题的故事是重要而有趣的。最初的故事如果说教意味太浓或过于枯燥，很可能会让听众误以为整个领域都是困难或无聊的。

3. 不要过早给予听众探究的自由

现在有一种叫"探索式学习"（exploratory learning）的趋势（尤其是在网络课堂上）。从本质上讲，这种方法强调提供给学习者大量信息，让他们自己决定如何对信息进行组合。这种概念似乎想表达的是，如果人们可以自由探索自己的想法，就可以创造自己的故事，对材料展开丰富的、个性化的理解。

为了理解这种方法的问题所在，请看下面的假设。我给你一个装有 5000 块拼图的麻袋，其他什么都没有。你不知道目标图片和最终的形状是什么样的，甚至不知道这一袋拼图可以拼成一幅还是好几幅图。

对那些已经对拼图非常熟悉（有坚实的记忆地标来指导思考）的人来说，这样做没有问题。但对从未见过拼图、不知道自己的目标是什么的人来说，这样做会浪费相当多的时间，并让人摸不着头脑。更糟糕的是，哪怕有人坚持下去了，也不能保证最终的成品是准确或完整的。当然，他们的

图 68 这也是一种拼法

确创造出了一些东西，但仍然不知道拼图这种东西到底是什么，正确的拼法又是怎样的（图 68）。

因此，在与新手一起工作时，要用叙述的方式帮助他们建立起清晰、连贯的框架，再通过框架来处理和理解主题，这样做才是有意义的。只有在奠定了适当的基础之后，放手给学习者更多自由才更有意义。

4. 请他人讲讲自己的故事

没什么比个人经验更重要。你可以花几年时间研究流感，了解它的常见症状，讨论可能的治疗方法。但只有你得了流感，感受过这些症状并亲自尝试过治疗方法，这些概念才有了新的意义和价值。

我们意识到不同的概念在不同的生活中会有不同的表现后，就会开始以各自的视角和方式进行叙述。这反过来可以提高学习积极性，并最终达到深化学习效果的目的。因此，鼓励他人讲讲关于目标概念他们自己有怎样的故事，是个不错的做法。

5. 根据听众选择故事

我在前面提过这一点，这里值得重申一次。

当人们对话题不熟悉的时候，用故事来帮助他们搭建地标非常重要。但当人们的知识已经很丰富，且有着建立已久（并有效）的记忆地标时，故事可能会变得多余，会激起对方的烦躁情绪，最终损害讲述效果。

因此，要根据听众来选择故事。重申一次，我并不是说在叙事过程中要完全抛弃故事，相反，可以考虑增加故事的深度和细节，使故事与听众的经验相匹配。例如，向一群研究第二次世界大战的历史学家讲述珍珠港事件并不是个优选……但是，如果你能讲一个鲜为人知的故事，比如关于一名士兵如何大胆地逃离了一座不知名战俘营的，可能会帮助这些人将新信息整合到他们的心理模型中。

本章小结

用故事来引导理解、记忆形成和思考过程。

- 联想网络是围绕着明显的记忆地标建立的。
- 故事之所以能成为理想的记忆地标，原因有三：
  - » 故事能模仿大脑天然的思考方式（因果联系）。
  - » 故事能导致心理和情感上的模拟。
  - » 故事会让人释放催产素，在讲述者和听众之间建立联系。

应　用

1. 以故事开场

- 故事包含 3 个要素：物理刺激、心理刺激和听众。
- 最常见的情节结构是在稳定和不稳定之间来回摇摆。
- 最常见的心理结构是在厄运和好运之间来回摇摆。
- 常见的故事类型包括起源型、争议型、应用型、人情型和悬崖型。
- 讲故事的时候，你的感受就是听众的感受。

2. 最初的故事影响深远。

3. 不要过早给予听众探究的自由。

4. 请他人讲讲自己的故事。

5. 根据听众选择故事。

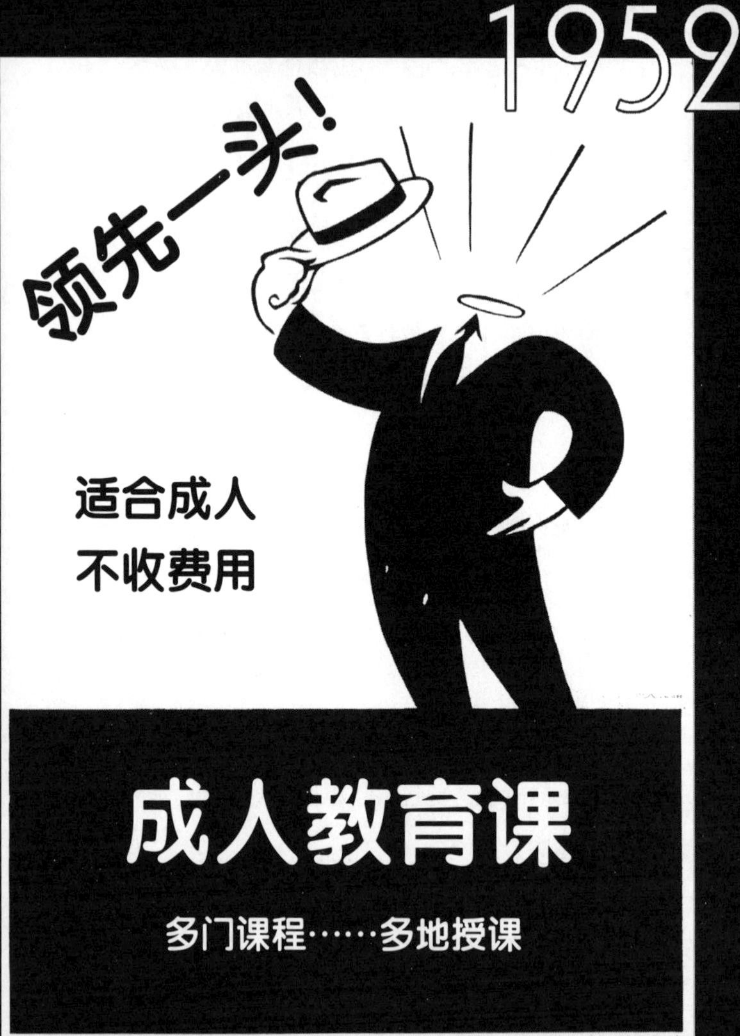
1952
领先一头！
适合成人
不收费用
成人教育课
多门课程……多地授课

中场休息 5

请花大约15秒时间来研究和欣赏这张过去的成人教育海报。

第十一章

压 力

是否有毒，全在剂量。

——文艺复兴时期的炼金术师帕拉塞尔苏斯

（Paracelsus）

也许你见过第 265 页的图 69。这个倒 U 形体现了压力和学习之间关系的 3 个重要原则：

1. 高强度压力会妨碍学习。
2. 适度压力会促进学习。
3. 低强度压力像高强度压力一样，也会妨碍学习。

我认为第一个原则不会让你感到惊讶，但第二和第三个原则可能会超出你的想象。在一个经常强调"不要压力，不要烦恼，不要痛苦"的世界中，你会惊讶地发现，压力并不总是一件坏事。

在我们探索压力如何促进学习之前，首先要区分两个重要的概念。

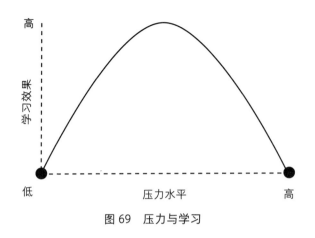

图 69 压力与学习

身体和思想

人们常常把"情绪"（emotion）和"感受"（feeling）混为一谈，但这两个词指代的是两个完全不同的概念。

情绪是针对某一特定时刻或事件产生的身体感觉（physical sensation）。在内部化学物质的驱动下，情绪可以有胃部痉挛、皮肤刺痛、突然间喘不过气等表现。另一方面，对这些身体感觉的心理解释（psychological interpretation）才是感受。在主观认知的驱动下，感受是对情绪的心理体验。

这样说可能会让人有些困惑，让我们再深入一些。

情绪是由位于大脑深处的两个体积很小的结构——杏仁核和下丘脑调节的。杏仁核接收来自 17 种感官的信号，并利用它们来选择不同情况下的应对情绪。而下丘脑会引发身体释放化学物质来表达情绪。例如，如果咆哮的狼群将你包围，杏仁核会下意识进行分析，且可能会选择"恐惧"这种情绪。随后，下丘脑会向身体释放化学物质来加速心率、扩大瞳孔、缩短呼吸，等等。这些身体反应体现了恐惧的情绪。

有趣的是，我们的身体能合成的化学物质是有限的。因此，很多研究人员认为杏仁核和下丘脑的组合实际只能产生6种基础情绪（喜悦、恐惧、愤怒、惊讶、悲伤和厌恶），看看图 70 中的婴幼儿们，你能猜出他们的表现分别对应着哪些情绪吗？

既然我们只有一套相当有限的基础情绪，这就产生了一个问题：其他的情绪都是从哪里来的？谦逊、怀旧、尴尬、嫉妒……这些都是怎么产生的？

这就是感受发挥作用的地方。

虽然身体对外界的反应是有限的，但在精神层面上解释这些身体感觉的方式却是无限的。回到上面的例子中，根据你之前对狼的了解和经历，你对心跳改变现象的解读可能会是消极的（感到害怕、焦虑、预感不祥），积极的（兴奋、激动、好奇），主动的（生气、愤怒、狂躁），被动的（放弃、听天由命、无能为力），或是以上情况的任意组合。

简单地说，由于心理解释的存在，6 种基础情绪可以产生无限多的感受。

最重要的是，情绪和感受是双向的。换句话说，心理解释可以对身体感觉进行反馈并改变它们。例如，如果你觉得狼有威胁性，这样的心理标签会导致身体释放更多的化学物

图 70　6 种基础情绪

质，进一步加快心率。相反，如果你觉得狼很有趣，这种心理标签会导致身体释放其他化学物质，从而减缓心率。换句话说，感受可以对情绪产生加剧或缓解的作用。

这说明了什么

好吧，但这和压力有什么关系？

简单地说，压力是一种感受，而非情绪。如果一件事让你感到了压力，一定是因为你在心理层面上对其进行了导致压力的解释。

有些人把跳伞时身体释放的化学物质（肾上腺素、内啡肽等）导致的感受解释为"兴奋"。这种感受便会通过反馈改变身体释放的化学物质，导致特定的身体和心理变化。同样是跳伞，身体释放的化学物质也相同，但另一些人把这时的感受解释为"感到压力"。这种感受便会通过不同的反馈以不同的方式改变身体释放的化学物质，导致不同的身体和心理变化。同样的情形，同样的化学物质，同样的身体感觉——但解释改变了一切。

也就是说，如果人们不把某种特定的情绪解释为压力的话，我们下面的探讨就没有意义了。

压力的故事

为了理解压力的影响，我们需要熟悉这场戏中的几个关键角色。

演员阵容（图71）

海马：记忆之门，由数十亿个叫"神经元"的特化细胞组成。新信息会通过它们形成新的记忆。我们可以把神经元想象成树，把海马想象成茂密的森林。

杏仁核：情绪选择器。与海马紧密相连，并与之不断沟通。我们可以把杏仁核想象成一座保护海马森林的城堡。

皮质醇：体内主要的压力激素，可以使血糖和血压升高。它会杀死海马中的神经元。我们可以把皮质醇想象成一个野蛮人，他要去砍伐海马森林。

去甲肾上腺素：体内的次级压力激素，可以使心率和呼吸加快。皮质醇出现时，它会向杏仁核发出警报。我们可以把肾上腺素想象成一个信使，任务是在野蛮人到来时发出警报。

ARC蛋白：全称为"活性调节细胞骨架相关蛋白"（activity-regulated cytoskeleton-associated protein）。它潜伏在杏仁核中，有两个任务：对抗皮质醇和增强神经元。我们可以把它想象成对抗野蛮人的骑士，兼任促进海马生长的园丁。

FGF2：全称为"成纤维细胞生长因子2"（fibroblast growth factor 2），可以长出全新的神经元。我们可以把它想象成种子，最终会发芽并长成新的树木。

让我们把灯光调暗，表演开始……

图 71   压力的故事：演员阵容

第一幕：哲基尔博士

有时压力可能来得很突然、很尖锐，而过程很短暂。比如，在你上台演讲前的 10 分钟。在这短暂的压力期间，会发生以下情况（图 72）：

幕布升起

第一场：压力到来，皮质醇涌入海马，开始攻击神经元。

第二场：袭击触发去甲肾上腺素流入杏仁核，发出求援警报。

第三场：杏仁核向海马释放 ARC 蛋白。这些蛋白开始对抗皮质醇。

第四场：ARC 蛋白和皮质醇之间的战斗触发了 FGF2 的释放。ARC 蛋白嵌入海马中。

第五场：压力情况已接近尾声，皮质醇逃离海马，ARC 蛋白开始修复受损的神经元，每个神经元都比战斗前更厚、更强了。

第六场：大约两星期后，FGF2 开花结果，新的神经元在海马中发芽。这些神经元立刻承担起处理新信息（学习）的任务。

幕布落下

图72 第一幕：对急性压力的反应

回忆一下本章开头的倒 U 形。现在我们应该明白为什么适度的压力可以提高记忆力和学习能力了。

首先，在短暂的压力过后，ARC 蛋白会加强海马中的神经元，从而在那一刻形成深层记忆。这就好像是 ARC 蛋白告诉海马："无论是什么导致了皮质醇释放，它一定很重要。记住它。"

此外，适度的压力会触发 FGF2 的释放，从而导致海马中形成新的神经元。不幸的是，这些神经元要两个星期才能长出来。这要如何改善学习呢？

从短期看，确实没有效果。如果你今天经历了适度的压力，这只能提高你在两周后的学习效果，对当前没有任何帮助。然而从长远看，这个过程就有意义了。如果你每天都在承受适度的压力（由错误、预期失败和意外事件引起），那么你的神经元就会一直处于生长状态。由于这些新的神经元负责处理新的信息，你的整体学习能力就会大大增强。

尽管有这么多好处，压力并非永远能带来彩虹和阳光。

第二幕：海德先生

有时候压力会持续很长一段时间。你如果要在 30 天内完成一个重要的项目，可能会有好几个星期担心自己能不能按时完成。在长期压力之下，会发生以下情况（图 73）：

幕布升起

第一场：压力到来，皮质醇涌入海马，开始攻击神经元。

第二场：袭击触发去甲肾上腺素流入杏仁核，发出求援警报。

第三场：杏仁核向海马释放 ARC 蛋白。这些蛋白开始对抗皮质醇。

第四场：ARC 蛋白和皮质醇之间的战斗触发了 FGF2 的释放。ARC 蛋白嵌入海马中。

第五场：随着压力的持续，更多皮质醇涌入海马。最终，ARC 蛋白储备耗尽，皮质醇开始对神经元大开杀戒。

第六场：由于神经元死亡，FGF2 存储耗尽，没有新的种子播下。皮质醇继续猎杀神经元。由于没有新的神经元补充，海马开始枯萎。

幕布落下

回忆一下倒 U 形，现在我们应该明白为什么太大的压力会影响学习了。

随着 ARC 蛋白和 FGF2 的消失，皮质醇长驱直入，破坏并摧毁了记忆之门。更糟糕的是，随着海马的萎缩，我们形成长期记忆的能力受损。这意味着长时间的压力不仅让我们很难学会新知识，还会影响我们回忆旧知识。

虽然这个过程看起来很不可理喻，但它实际上有个重要

图 73　第二幕：对长期压力的反应

的目的。想象一下，你被困在一个非常糟糕的环境中无法逃脱，比如被困在深山老林里的捕熊陷阱里，且 3 天内不会有救援人员赶到。这种情况下，你并不想留下深刻而鲜活的记忆。毕竟，你感受到的只有无助，而且此时并没有什么有价值的东西可以学习，不如尽可能屏蔽消极情绪，仅以存活到脱险那一刻为目标。这就是对长期压力的反应的作用：它会防止你在无助时刻的经历形成记忆。

然而，在现代社会中，我们被捕熊陷阱困住的可能性极低。在通常情况下，我们经受的长期压力来自工作、家庭和社会责任。在这种情况下，对长期压力的反应会带来危险的负担，可能会导致失业、家庭冲突和对责任的逃避。

零压力的后果

我们已经了解为什么高压可能会坏事，而适度的压力才有好效果，但倒 U 形的第三个原则是什么呢？没有压力怎么会和压力过大一样糟糕呢？

在没有压力的情况下，皮质醇不会涌入海马。在没有皮质醇的情况下，杏仁核就不会释放 ARC 蛋白。在缺少 ARC 蛋白的情况下，FGF2 就不会出现，也就不会出现新的神经元。换句话说，在没有压力的情况下，所有支撑记忆、促进学习的化学物质都会休眠。这意味着在一个没有错误、预测准确、杜绝意外的完美世界中，海马会进入停摆模式

（图 74 ）。

　　尽管这听起来没什么，但重要的是，一切都会随着时间的推移而退化。因此，海马停顿得越久，就越容易遭受时间带来的损害。如果没有 ARC 蛋白，海马内的神经元会自然退化并死亡。同样，如果没有 FGF2，就没有新的神经元来取代旧的神经元。随着神经元逐渐消失，我们的记忆和学习能力也就随之消失了。

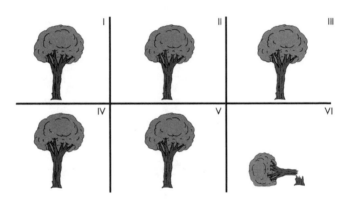

图 74　第三幕：对零压力的反应

对演讲者、教师和教练的启示

1. 利用情绪变化来提高记忆力

你可能听说过情绪变化可以增强记忆力的道理。这基本正确，但关于这一点还有更多内容。

情绪不过是在你体内流动的化学物质，因此不可能被完全清除（除非你想办法清除体内所有的化学物质……我担心这可能会要了你的命）。这意味着每段记忆都附着了一些情绪。从这一点出发，可以说并不是情绪本身增强了记忆，而是情绪变化的过程产生了这样的效果。

我们之前了解到，去甲肾上腺素会触发 ARC 蛋白释放并进入海马，强化了新记忆的形成。关键在于，压力并不是触发去甲肾上腺素释放的唯一诱因。事实上，这种激素在经历突然或剧烈的情绪转变时都会释放。

无论你是从高兴转为悲伤，从愤怒转为恐惧，还是从惊讶转为厌恶，去甲肾上腺素都会释放，从而提高记忆力。同样，如果你从愉悦转为欣喜若狂，从悲伤转为抑郁，从闷闷不乐转为怒火中烧，也会发生同样的事。

因此，我们说到用情绪来增加影响力的时候，要明确目标对象正在经历哪种情绪，再考虑如何提高、减少或改变这些情绪。在一片悲伤的海洋中，欢乐会更突出；在一片欢乐的海洋中，悲伤更引人注目。

此外，让任何人长时间保持快乐、恐惧或悲伤情绪都会降低增强记忆力的潜在可能性。因此，要考虑你希望带领听众走过一段怎样的情绪之旅。如果你想在整整两个小时的演讲中始终保持乐观、愉快、幽默，结束时你会发现听众已经神游天外了。最有影响力的课并不只会让人笑。它会让人又笑又哭，时而屏住呼吸，时而义愤填膺。

热点问题 1：
闪光灯记忆

　　"我有些事记得特别清楚。这是怎么回事？"

我们过往生活中的某些细节会给我们留下过于深刻的记忆。有些记忆是积极的（例如你的第一个孩子出生），有些是消极的（例如戴安娜王妃去世）。

极其清晰、细节特别详尽的回忆叫"闪光灯记忆"（flashbulb memory）。几十年来，研究人员一直认为它们只在具备深刻意义（构成个人身份不可分割部分的事件）和强烈情绪（极其令人震惊、意外或能引起体内化学物质突如其来流动的事件）的时刻才会产生。

问题在于，每个人都有一些既没有特别意义也没有特别情绪的闪光灯记忆。例如，我清楚地记得有一次，我坐在我妈的吉普车后座上,从前风窗玻璃望出去,看到旁边一辆车的定制牌照上的字母拼成了"拖把"。可以说,这一刻我并没有感到特别惊讶,它也不会改变我的人生,但它就在那里,像珠穆朗玛峰一样矗立在我童年记忆的迷雾之中。

不用说,这些"中性"记忆让研究人员开始质疑对这种现象的解释。目前,没人能够说清什么时候会出现闪光灯记忆,也没办法解释或描述它们为什么会产生,又是如何产生的(不过大多数理论仍然认为是杏仁核和ARC蛋白在起作用)。

我们只知道这么多了。闪光灯记忆是一种很酷的能力,但我们暂时还无法利用它来提高记忆力或促进学习。

我很抱歉只能提供这些让人激动不起来的信息。

---

2. 混合运用不同方法来维持适度压力

较低强度的压力会损害记忆和学习。这意味着如果你日常影响他人的过程过于公式化、重复化、可预测,就会使他人进入低强度压力的状态,对他们记忆新信息的能力(或意愿)产生阻碍。

然而,频繁、短暂的中度压力可以提高记忆力,让学习过程持续进步。这意味着如果在授课或演讲时混合运用不同的结构、形式、活动、讨论和故事,会让听众很难轻松地预测到下一步，让他们必须积极参与每个环节。通过让他们保持警觉，维持适度的压力水平，我们可以提升他们记忆新信息的能力（和意愿）。

热点问题 2：

大脑训练（第二部分）

"等一下……压力是保持大脑健康和活跃的秘诀吗？"

在某种意义上说，是的。

新鲜感是保持思维敏捷和反应灵敏的主要因素之一（图 75）。每次开始一项新活动、学习一项新技能或深入一个新环境时，我们都会感受到一定的压力。正如我们之前看到的，每天体验适度的压力可以使 FGF2 稳定流动，使海马中的新神经元持续生长。由于这些新神经元能够处理新信息，它们（本质上）正是我们得以学习和成长的原因。

因此，我们在第六章中了解到，不用多关注大脑训练游戏（它们只会训练你玩特定游戏的水平）。相反，要尝试令人望而生畏的新活动。学着演奏一种新乐器，学习一门新语言，尝试做一道新菜。不断投入不可预测的新情境，你就更有可能保持头脑灵活和记忆牢固。

图 75 新鲜感是活跃大脑的关键

只要不把新活动看得过重就好。一旦你开始感到特别焦虑或是压力过大，就到了放下这项活动的时候了。压力对大脑的帮助和伤害常常只有一线之隔。

---

3. 当心状态依赖

在第四章中，我们讨论过状态依赖：当我们学习的时候，化学物质在体内流动，构成了学习的一部分。（还记得在酒吧里收名片的故事吗？）

现在，你已经很清楚情绪的本质是化学物质。这意味着对情绪的状态依赖的可能性是真实存在的。例如，如果你经常在悲伤时提起某件事，那么你在快乐时是很难想起它来的。同样，你感到放松的时候，也很难回忆起那些恐惧的事。

解决状态依赖的最好的方法是多样化。如果你希望某件事在各种情况下都能被你自由调取，那么在教学过程中就应当让与它相关的情绪变得多种多样。试着在各个话题中寻找积极和消极情绪：令人快乐与悲伤的、安心与愤怒的。

相反，如果信息只有在特定场合（如战争及其后续情况下）才能被充分理解，或是技能（比如格斗）只有在非常特殊的情绪环境中才能启用，那么在学习和练习的过程中就要模拟这样的情绪。

4.越早提供安全感越好

很不幸，许多人认为接受新知是令人恐惧、害怕，具有威胁性的活动……简言之，是会带来很大压力的。如果这种感觉一直得不到化解，那么有些人可能会在你（演讲者、教师或教练）开始前就进入抗拒状态。基于此，你必须在一开始就创造让每个人获得心理安全感的环境。下面的小技巧会帮助你做到这一点：

- 提问并真诚地倾听回答。这会让学习者感到自己有发言权并受到尊重。
- 展示自己的弱点，突出自己的不完美之处（也许可以分享自己过去某件不那么光彩的事）。这会让学习者放松警惕，把你当作盟友。
- 提供选项。这可以让学习者感受到自己的力量，认识到自身在学习过程中的角色。
- 合作。学习者会感到获得了支持，并把你看作合作伙伴。

你只有尽快让学习者感到可以自由地说话、互动和犯错，才能帮助他们迅速把"紧张"的情绪重新解读为"兴奋""好玩""有趣"等积极情绪。

5. 运用身体和心理两个层面的减压技巧

情绪是身体层面上的，因此有很多减压技巧是针对身体本身的。原理很简单：只要改变化学物质，就能改变情绪。

可以说最好（也最简单）的技巧就是深呼吸。当你吸气的时候，肺部受体会触发一种化学物质，而这种化学物质会减缓皮质醇和去甲肾上腺素的释放。当你呼气的时候，另一种化学物质又会被释放，用来降低心率和血压。很快，这些被我们称为"压力"的身体感觉消失了，让新的情绪解释（感受）有机会出现。

另一个例子叫"渐进式肌肉放松法"（progressive muscle relaxation）。简言之，这种方法需要你系统性地绷紧随后释放不同的肌肉群。当某处肌肉群变得紧张，身体会消耗多余的皮质醇。随着肌肉群放松，血压下降，心率变慢。想体验这种感觉，只需先把右手握紧 5 秒，然后放松。很快，身体的压力会消失，新的情绪解释就有机会出现了。

重要的是，正如我们之前学到的，感觉可以对情绪进行反馈，并对其造成影响。因此，还有许多其他的减压技巧可以直接对大脑起作用，比如冥想、正念和暴露疗法。这些心理减压技巧的主要目的不是消除身体对压力的感觉，而是重新构建对压力的阐释方法。它们的基础理念是，如果你可以把"压力"重新定义为"兴奋""好玩"或"有趣"（你也可以干脆去掉所有标签），这种行为也会改变身体中的化学反应。

热点问题 3：

大脑空白

"演讲中，有时我会突然间大脑一片空白。前一刻我还什么都记得，下一刻我连自己叫什么都忘了。到底发生了什么？"

啊，可怕的大脑空白！

在第五章中，我们了解了记忆被抹除的情况。提醒你一下，腹侧注意网络发现有威胁靠近的时候，就会自动抹除刚才思考的所有内容（这样你就可以把注意力集中在威胁上了）。

大脑一片空白也是拜这个过程所赐：有些东西吸引了你的注意力（比如，你眼角余光看到一道闪光），大脑将它视为一种威胁，便把记忆全部抹除了。但大脑空白现象之所以让我们如此苦恼，是因为它偏偏会在重要的时刻出现：演讲、演出或考试的紧要关头。出于这个原因，我们倾向于把这种现象解释为压力过大，而这反过来又触发了皮质醇的释放，启动了压力反馈的循环，使我们很难回到正轨上。

换句话说，大脑空白是一种无害的、压力导致大脑删除记忆的操作。

你能做些什么呢?

最好的方法是直接从身体下手。我最喜欢的一个技巧是深蹲。当大脑一片空白、压力反馈开始循环的时候,从手里的事上抽离,背靠墙深蹲 30~60 秒。想维持这个动作是很费力的。在你努力的时候,你疲惫的肌肉会燃烧掉多余的皮质醇,你会开始深呼吸。这样一来,你一定会对心跳加速和皮肤刺痛的现象进行重新解释,而不会再将其定义为压力。

一旦重新解释了身体感觉,压力循环就会减弱,你就可以重新投入手头的工作中去了。但是,不要回到大脑空白现象发生时的那个点,而要回到之前已经完成的内容,比如快速重复讲过的故事,重新回答已经处理过的问题,或重新阅读已经看过的段落。回到更早的地方,让你更容易调取信息、触发联想,而这会帮助你顺利度过大脑空白的那个时刻。

放心,我知道有些场合你没法站起来说:"麻烦给我 1 分钟好吗? 我需要蹲一下!"幸运的是,你就算没机会真的蹲下,也可以用握紧拳头、手用力按压桌面或把身体全部重量放到一条稍微弯曲的腿上的动作来进行模拟。让任何特定的肌肉或肌肉群感到疲劳都会触发同样的反应。

本章小结

适度的压力可以提高记忆力和学习能力（但高强度压力或零压力是有害的）。

- 情绪是身体内部的感觉。感受是对身体感觉的心理阐释。

- 压力是一种感受，而不是情绪。

- 在适度的压力下，ARC 蛋白会保护海马中的神经元（增强记忆），FGF2 能长出新的神经元（促进学习）。

- 在高压之下，皮质醇会杀死神经元，导致海马萎缩。

- 零压力时，神经元会退化，导致海马萎缩。

应 用

1. 利用情绪变化来提高记忆力。

2. 混合运用不同方法来维持适度压力。

- 新鲜感是保持大脑健康和灵活的最佳工具之一。

3. 当心状态依赖。

4. 越早提供安全感越好。

5. 运用身体和心理两个层面的减压技巧。

- 记忆被抹除 + 压力 = 大脑空白。

- 记得蹲下！

第十二章

分　散

一切都是永生的，只是有时它们会睡着并被忘记。

——英国作家亨利·赖德·哈格德

（Henry Rider Haggard）

终于，经过这么长时间的铺垫，是时候揭晓答案了。

记忆效果验证

毫无疑问，你肯定注意到了贯穿全书的 5 次"中场休息"。

中场休息 1、2、4、5 是一样的。不用往前翻，你能回忆起海报上提到的时间、图像和使用的广告语吗？

时间：

图像：

广告语：

第 3 次中场休息和其他的都不一样。不用往前翻，你能回忆起海报上提到的时间、图像和使用的广告语吗？

时间：

图像：

广告语：

现在翻到前面，看看自己做得怎么样。

大多数人对中场休息 3 的记忆可能非常有限，但对其他 4 次的细节印象非常深刻。

你可能首先会想，这是因为其他几次重复的次数多：你看了 4 次无头人，当然记得更清楚。但再看看中场休息 3，你会发现地球仪和指南针的元素也重复了 4 次。这意味着这种现象后面还有别的原因。

你刚刚体验到的就是"分散练习"（distributed prac-tice）的力量。可以说，它是我们影响力武器库中最实用、适应性最强、最有力的工具。

遗 忘

说到遗忘，人们常常把记忆比作云：短暂存在且注定会随时间的流逝而消失的东西。

不幸的是，这并不是一个非常准确的比喻。我们在第八章中了解到，记忆就像丛林中的小屋。我们只要不断找回去（开辟出一条道路），就总能找到它们。只有在某一天我们不再调取记忆后，道路才会变得杂草丛生，消失在丛林中……但这并不意味着它们消失了！你是否有过因为听到一首老歌

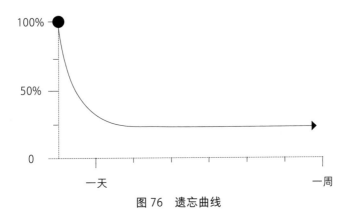

图 76 遗忘曲线

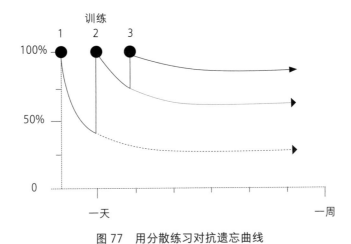

图 77 用分散练习对抗遗忘曲线

而突然回想起一次高中派对的生动细节的经历？而几十年来，你从来没有想起过这件事。不管记忆有多久远或藏得多深，只需一个联想，你就能把它们找回来，重新建造通往似乎已经被遗忘的记忆的道路。

19世纪晚期，一位德国研究者赫尔曼·艾宾浩斯（Hermann Ebbinghaus）对这个问题做出了完整的阐述。他花几个小时记忆完全没有意义的音节列表（如ZOF、YAT、DAX），然后等待。他会在不同长度的时间后（从几个小时到几个月不等）测试自己的记忆力，看自己忘掉了列表中的哪些东西。艾宾浩斯以超乎常人的耐心日复一日地背诵和遗忘无意义的音节，最终得出了实验结果（图76）。

这条曲线叫"遗忘曲线"。我们可以看到，"丛林"生长得非常迅速。事实上，只要过了24小时，人们就会忘掉自己学过的70%的东西。幸运的是，这种下降趋势会很快趋于平稳，不再继续下挫。但想想你从今天开始的一周内只能记住本章中20%的内容，你应该也会感到十分不安。

幸运的是，艾宾浩斯不仅对遗忘的速度感兴趣，他还想知道怎样才能记得更牢。为了研究这一点，他在间隔不同的时长后重新拿起词表复习，并计算重新记忆的行为会对遗忘曲线产生怎样的影响。

艾宾浩斯发现的第一件事是，记忆时间最长的那一组无意义音节的记忆效果也最好。这没什么值得惊讶的。

艾宾浩斯发现的第二件事是，他自己安排的复习方式对记忆产生了巨大的影响。更具体地说，如果一次复习的时间很长（比如说一次性复习 3 小时），这在短时间内确实能够提高记忆力，但遗忘曲线会很快出现。但如果将复习时间拉长到间隔几天（比如 3 天内每天复习 1 小时），这会增强记忆效果，延缓遗忘曲线。简单地说，通过拉开时间间隔，艾宾浩斯能在更长的时间内记下更多信息（图 77）。

让我们回到丛林的比喻中。如果你开辟了一条通往特定记忆的小路，可以预料到丛林会疯狂生长，并在 24 小时内覆盖小路的 70%。艾宾浩斯发现，如果你连续 3 小时为这条路除草，结果不会发生太大变化：草木只需要 72 小时就能覆盖这条路的 70%。但是，如果连续 3 天除草，丛林生长的速度会被大幅减缓：事实上，可能需要几周时间才能重新覆盖这条路的 70%。这就好像经过几天连续的砍伐，丛林意识到在这条路上长草是没用的，于是开始换不同的方向生长，留下了这条清晰的小路。

研究人员便把这种现象称为"分散练习"。简单地说，把练习分解并分散到一个较长的时间段内，会比把同样的练习量塞进一小段时间里产生更为长久的记忆效果。回到本章开头，这就是为什么你在中场休息 1、2、4、5 中记住的细节更多。你看了 4 次图片，研究它的时间共计约 60 秒（和在中场休息 3 停留的时间一样），但这些记忆时间分散在一个更长的时间范围内，形成了更深刻、更持久的记忆。

重要的是，这种现象在各种生物身上都得到了印证（猴子、大黄蜂、海蛞蝓、植物……你没看错，甚至包括植物）。

此外，它适用于记忆任何你想记住的东西，从最基本的信息（词汇）到高度复杂的技能（飞机驾驶）。出于这个原因，分散练习可算是记忆和学习规律领域的基本策略了。

但是，它为什么会有这样的效果呢？事实证明，存在 3 个关键驱动因素（其中 2 个我们之前探讨过）。

多样性

如果我们把练习塞进一次较长的课程中，那么很可能学习环境始终是单一的。例如，如果你坐下来连续学习了 5 个小时，那么一切都发生在一张桌子上、一个房间里，你闻着同样的气味，听到相同的噪声，感受着相同的体感。我们在第四章中了解到，当训练发生在单一环境中时，这段记忆就很难在这个环境之外被调取和应用。

但是，如果我们把训练分为几个较短的时间段并分散到一段更长的时间里（比如训练 5 天、每天 1 小时），那么很可能每次训练都会在不同的环境中进行。即便你每天都在一张桌子前训练，也很可能是早晚各练一次，饿肚子的时候练一次，吃饱后练一次，下雨时练一次，晴天时练一次。环境和状态的微妙变化会形成更深入、更细致的语义记忆，从而让你更容易在情境变化时对其进行调取和迁移。

调 取

我们如果把练习塞进一次较长的课程中，就只需要调取一次记忆。我们在课程刚开始时调取出相关信息和技能之后，就可能把它们简单保存在训练期间使用的前额皮质里，等训练结束后重新存储起来。不幸的是，我们在第八章中讲过，形成深层记忆的关键是多次调取。

　　幸运的是，如果我们把训练分成几个比较短的时间段，分散到较长的时间中，就可以多次调取和存储记忆了。这种反复给小路除草以调取记忆和技能的方式会带来更深刻的记忆，并能在更长时间内延缓丛林的生长。

巩　固

　　我们还没有在书中讨论过"巩固"（consolidation）这个概念。如果编码是将新信息插入大脑，存储是在大脑中为信息找到一个家，那么巩固就是将这些信息牢牢地绑在各自的位置上，这样它们就不会从家里跑出去，未来也更容易被定位到。

　　我们虽然还没有百分百明确巩固的具体机制，但已知大部分巩固过程都发生在夜间睡眠时。睡眠时，大脑活动会减慢，但有时会出现短时间的剧烈活动。人们认为这些爆发时刻（叫"睡眠纺锤波"）代表大脑正在"重演"当天学到的知识和观点（图78）。在睡眠时，新的记忆（编码）会以一种简单的方式在大脑中找到可以扎根（存储）的地方，随后这块区域会将相关记忆"重新启动"几次，以将这段记忆锁定在这个位置（巩固）。梦可能是这些片段的重演形成有意识的知觉的结果。

这里有一点需要强调：巩固不是在瞬间完成的。事实上，这个过程通常需要几个月（也可能几年）才能完成。

幸运的是，巩固过程可以通过不断调取的方式来加速。此外，每天晚上的巩固量是有限的。一般来说，当天接收的信息会在当晚被先行整理。这就意味着白天没有被调取的记忆可能会被推后，并需要更长的时间来落地生根。

我们如果投入很多时间一次性完成训练，只有一个晚上可以被用来巩固掌握的信息，这就意味着这些信息无法被整整齐齐地捆好，很容易受到干扰，未来也很难被调取。但如果把训练分散到几节较短的课里，使其分布在较长的时间里，我们就可以有好几个晚上来巩固掌握的信息，使记忆更稳定、更容易被调取。

图 78 别叫醒我，我在巩固记忆

少就是多

我们在开始了解分散练习的效果时，会自然而然地提出一个问题：怎样安排时间才能维持深刻、长期的记忆？

不幸的是，你可能已经猜到了，这个问题没有唯一的答案。理想的训练次数、每次训练时长和间隔时间都会根据不同情况变化。简单技能可能比复杂技能需要的训练次数更少，精通又比掌握需要更长的时间，心智技能比身体技能更需要频繁的训练，等等。

尽管如此，我们还是有一个经常使用的经验法则：

截止时间	分散方式
1 周	每天
1 个月	每周
1 年	每个月

在为特定的目的（比如即将到来的演讲）做准备的时候，可以根据截止时间安排练习。如果演讲在一周后，就每天练习一次（而不是在前一天晚上死记硬背）。如果演讲在一个月后，就每周练习一次。如果演讲在一年（或更长时间）后，就每个月练习一次。

如果没有最终的截止日期，而你又想让人永远记住信息，可以把几种时间规划组合起来。刚开始时，每天进行短时间练习。大约一周后，开始拉长每次练习的间隔，比如延长到每隔一天，然后是每周、每两周以及每月一次。随着时间的推移，你很可能只需要每年进行一次短暂的练习，就可以始终保持深刻、永久的记忆。

警　告

对于"分散练习"，大多数人只关注第一个词"分散"，但第二个词"练习"同样重要。简单地说，在对已经掌握的内容进行训练时，上文探讨过的所有好处都会显现。不幸的是，没有直接证据证明采用分散式的训练方法会对记忆新知识产生相同的影响。因此，如果你正在学习全新的内容，在对训练时间进行规划之前先花足够时间掌握知识是很重要的。

此外，为了使分散练习产生效果，训练不能流于形式。在 30 天内每天学 1 分钟数学和每天学 30 分钟数学是不一样的。训练必须是实打实的，能突出重点，且与当前学习的技能相关。重要的是，它会根据你训练的具体技能改变。背单词的时候，可能 30 分钟的课就够了，但复杂的计算机编程可能需要 4～5 个小时的课程。

最后，单次、长时间的训练在短期内效果立竿见影，分散练习的长期效果却要随着时间的推移才会显现。因此，有些人对这种方法持谨慎态度。也许解决这个问题的唯一方法就是找到途径去衡量和比较随时间推移的小进步（小测验、调查、前后对比、自由写作案例、拍视频记录等）。人们一旦认识到分散练习的效果，就会更倾向于使用它。

对领导者、教师和教练的启示

1. 分散，分散，分散

已经没什么可说的了。如果你有时间、有机会把训练分成几个部分，那就去做吧。训练只要是实打实的、有意义的，在任何情况下都会有效果。

热点问题 1：
死记硬背

"我每次考试前一晚都临时抱佛脚，也都成功考过了。为什么还需要分散？"

死记硬背是有效果的。你如果在考试前花 10 小时学习，很可能会表现得很好。但是，正如我们在前面看到的，死记硬背只会在短时间内避开遗忘曲线。事实上，在恶补结束后 72 小时，你就会忘掉 70% 左右的内容。

但是，如果你把这 10 小时的学习时间分散到 5 天当中，无论什么考试你都会表现得很好，记忆也会保留更长时间。事实上，这种分散会让你的记忆在最后一次学习后的 6 个月内依然清晰、可调取。

话虽如此，人们还是喜欢临时抱佛脚。这意味着，如果你希望学习者能在长时间内记住某些信息或技能，那么就要尽可能避免这种填鸭式的方式，并采用（如下文所示的）技巧，尽可能使用分散练习的方法。

热点问题 2：

刷　剧

"我一口气看完了《绝命毒师》的最后一季。这和临时抱佛脚是一个道理吗？"

不幸的是，答案是肯定的。

"刷剧"后的效果和临时抱佛脚的是一样的：强烈的记忆持续存在 72 小时后便会迅速消失。而每晚或每周追剧的效果与分散练习的很相似：强烈的记忆会持续存在几个月。

幸运的是，人们看电视剧是为了消遣的。谁在乎你记不记得《绝命毒师》里的细节呢？只是一种娱乐而已。

但坏消息是，事实证明，和每晚或每周追剧的人相比，刷剧的人得到的快乐也少很多。

话虽如此，我并没有阻止大家刷剧的意思，毕竟这种看剧方式已经成为我们如今的一种媒体消费习惯（图 79）。

这个原理的重要性体现在在线教育领域。

当越来越多的人把演讲、课程和培训拍成视频，放到在线平台上，就出现了一种新现象：刷课。如今的学习者会一次性看完长达数小时的视频或上完所有在线课程。不幸的是，你可以预料到，这意味着他们很快就会忘记自己学到的大部分内容。

如果你希望学习者记住数字化的教学内容，就有必要考虑如何防止这种刷课式学习。或许可以预先计划好如何给特定的课程视频加上观看时间限制（例如必须在第一节课后满 48 小时并看完复习视频后才能观看第二节课）。

图 79 我再看一集就好

热点问题 3：

分散学习

"等一下，之前你说分散式方法只在训练中有用。刷剧不是训练吧？"

这个问题问得好！

虽然每集电视剧都建立在前一集的基础上，但它们实际都是独立的。这意味着看电视剧更接近学习（掌握新内容）而非训练（复习旧内容）。

如果分散式方法只在训练中有用，那为什么每晚或每周追剧的人会比刷剧的人对剧的细节记得更清楚呢？

你如果仔细看过前面的内容，就会发现我并没有说分散学习完全没有效果，只是现在缺乏能支持其效果的证据。拉长学习时间完全有可能比在短时间内一次性学完更有效果。事实上，有一些证据表明，将培训计划拉长为几个半天比压缩在一整天里更有效。

不过，在有明确、有力的证据之前，最好还是让分散学习隐身在背景中，把精力集中在可靠的分散练习上。

2. 不要把复习留在最后

一种常见现象是，在课程的最后一天安排一次单独、超大型的"集中复习"，回顾前几天、几周或几个月学过的所有内容。你可能已经猜到，这和临时抱佛脚的效果很相似。

更有效的方法是，在每天或每周结束前，抽出时间来回顾一些概念。这样做可以确保课程前期的内容被调取过无数次（形成持久的记忆），同时新信息也得到巩固。

你如果只会讲授一节课，可以尝试用线上方式进行分散练习。每周发送一个视频、一篇文章或发起一个活动，帮助人们调取和练习相应的内容。如果能激励人们回忆知识（比如小测验、讨论或游戏）就再好不过了。随着时间的推移，你可以把这些小小的回顾内容的间隔拉长，直到在理想情况下，每年只需提醒一次就足够保持记忆清晰、有力了。

举个例子，在我工作的地方，每个人每年都要参加一次持续 8 小时的健康与安全研讨会。你可以想象到，大家什么都记不住，很多人认为这一天的时间都被浪费了。想象一下，如果在研讨会后，他们每周会花 30 分钟复习……然后把这个时间拉长到每个月一次，然后两个月一次。最终，一年一次 30 分钟的复习会比花一整天复习效果更好。

3. 不要在一开始就追求完美

我们在前面看到，艾宾浩斯是在完全记住列表上的每个词后才开始分散练习的。

幸运的是，我们不需要这么"完美"。即便你还没有完全掌握某件事或某个技能，分散练习也会发挥它的魔力：只要掌握得差不多就可以开始练习了。此外，分散练习尚未完全掌握的内容实际上可以提高你掌握它的速度。

4. 把分散和其他方法结合起来

关于分散练习最好的一点就是，它是个通用原则。也就是说，你可以把它和各种可以促进记忆和学习的更具体的方法——交错、回忆、情境、故事、先入为主等结合起来使用。分散练习就像类固醇一样，可以促进这些方法更好地发挥其效果。

本书探讨过的所有方法都可以和分散练习结合，获得更好的效果。

本章小结

将训练分散到不同课程中可以帮你集中注意力，提高学习速度。

- 人们会很快忘记新学的知识。
- 把训练拉长并分散到几天内可以有效减缓遗忘速度。这就是分散练习。
- 通过持续不断地进行分散练习，间隔时间可以越来越长，记忆可以得到有效巩固。

应　用

1. 分散，分散，分散。
- 为了考试临时抱佛脚并不能延缓遗忘曲线。
- 刷剧（或刷课）和临时抱佛脚的效果是一样的。
- 尽量分散练习，而不是分散学习。

2. 不要把复习留在最后。

3. 不要在一开始就追求完美。

4. 把分散和其他方法结合起来。

后　记

如果你是一名教师、教练或有演讲的需求，我希望在阅读本书之后，你不仅学到了一些帮助自己提高影响力的技巧，而且开始理解每种技巧背后的原理。我们来做一次快速的复习：

1. 我们无法在听人说话的同时阅读文字。

2. 边看图片边听演讲可以提高学习和记忆能力。

3. 可预测的空间布局可以释放大脑资源，促进学习和记忆。

4. 我们练习时的环境以及练习过程中的感受都会变成练习内容的一部分。

5. 我们无法一心多用。一心多用会损害学习和记忆效果。

6. 练习中的交错可以提升表现水平，实现技能迁移。

7. 积极接受错误可以提升学习、记忆和预测能力。

8. 回忆（相较回顾或识别而言）可以带来更强烈、更深刻、更易调取的记忆。

9. 提前激活相关事实、预期和策略可以促进学习。

10. 可以利用故事来促进理解、记忆形成和思考。

11. 适度的压力可以提高记忆力和整体学习效果（但高压或零压是有害的）。

12. 将训练分散到多次课程中可以帮助我们集中注意力，

提高学习速度。

正如引言中谈到的，这些结论建立在对大脑和行为的大量研究的基础上。如果你想阅读更多相关的科学文献，或更深入地研究某个特定的主题，可以访问 http://www.scienceoflearning.com.au/references，获取更多参考资料。

我希望你在阅读后能够对这些技巧进行修改和调整，将其转化为个性化技巧，以适应你自己的需要。随着时间的推移，你很快就会总结出属于自己的有效策略，更好地学习或影响他人。

我希望你能成为这些领域内的毕加索（图80）。

图 80 ……我们又来了！

参考文献

想要获取本书的完整参考文献清单，请访问 www.lmeglobal. net/references。

图片来源

引 言

p. iv, *Sketch of a Horse in One Continuous Line* by Pablo Picasso, © Succession Picasso/licenced by Viscopy, 2018; *Sketch of a Pink Unicorn* by Athena Drysdale, used with artist permission, 2018.

p. 002, by Pablo Picasso: *Plaster Male Torso Sketch* (1893) © Succession Picasso/licenced by Viscopy, 2018; *Portrait of the Artist's Mother* (1896) © Succession Picasso/licenced by Viscopy, 2018; *The Old, Blind Guitarist* (1903) © Succession Picasso/licenced by Viscopy, 2018; *Girl with Mandolin* (1910) © Succession Picasso/licenced by Viscopy, 2018; *Olga* (1923) © Succession Picasso/licenced by Viscopy, 2018; *Bather with a Beach Ball* (1932) © Succession Picasso/licenced by Viscopy, 2018.

第一章

p. 008, shutterstock_404493943

p. 008, shutterstock_479653255

p. 013, Morgan Freeman by Reamronaldregan available at https://commons. wikimedia.org/wiki/File:Morgan-Freeman.jpg under a Creative Commons Attribution 4.0. Full terms at https://creativecommons.org/licenses/by/4.0.

p. 016, brains listening to speech by Sarah Johnston, 2018.

p. 016, bottleneck illustration by Jared Cooney Horvath, 2018.

p. 018, brains silently reading illustration by Sarah Johnston, 2018.

p. 022, shutterstock_1007858200

p. 024, computerized notes by Jared Cooney Horvath 2018; Handwritten notes by Sacha Chua, available at https://www.flickr.com/photos/65214961@ N00/12798461515 under a Creative Commons Attribution 2.0. Full terms at https://creativecommons.org/licenses/by/2.0.

第二章

p. 032, Baba/Fafa image by Jared Cooney Horvath, 2018.

p. 035, brain processing visual information diagram by Sarah Johnston, 2018.

p. 035, sensory, integration diagram by Jared Cooney Horvath, 2018.

p. 037, three people playing cards by Jared Cooney Horvath, 2018. Inspired by Anderson, R.C., Reynolds, R.E., Schallert, D.L., & Goetz, E.T. (1977). Frameworks for comprehending discourse. *American Educational Research Journal*, 14(4), 367-381.

p. 038, three people playing instruments by Jared Cooney Horvath, 2018. Inspired by Anderson, R.C., Reynolds, R.E., Schallert, D.L., & Goetz, E.T. (1977). Frameworks for comprehending discourse. *American Educational Research Journal*, 14(4), 367-381.

p. 041, man with guitar and balloons, *Journal of Verbal Learning and Verbal Behavior*, 11(6), John D. Bradman & Marcia K. Johnson, 'Contextual prerequisites for understanding: Some investigations of comprehension and recall', pp. 717–726, 1972, with permission from Elsevier, 2018.

p. 042, quote from: Shelley, M. Frankenstein, Or, The Modern Prometheus: the 1818 Text. Oxford; New York: Oxford University Press, 1998. Print.

p. 044, Frankenstein's monster by Dr Macro, available at https://commons.m.wikimedia.org/wiki/File:Frankenstein%27s_monster_(Boris_Karloff).jpg under a Public Domain Attribution. Full terms at https://creativecommons.org/publicdomain/zero/1.0.

p. 047, projection screen by Clker-Free-Vector-Images, available at https://pixabay.com/en/screen-projector-projection-tripod-37075 under a Creative Commons Attribution CC0; train by ben299, available at https://pixabay.com/en/engine-train-railroad-track-3080936 under a Creative Commons Attribution CC0; space shuttle by WikiImages, available at https://pixabay.com/en/rocket-launch-rocket-take-off-nasa-67649 under a Creative Commons Attribution CC0; racecar by MikesPhotos, available at https://pixabay.com/en/lamborghini-car-automotive-drive-1334993 under a Creative Commons Attribution CC0; horse and carriage by nastogadka, available at https://pixabay.com/en/cart-chaise-travel-cab-the-horse-2942512 under a Creative Commons Attribution CC0. Full terms at https://creativecommons.org/publicdomain/zero/1.0.

p. 047, projection screen by Clker-Free-Vector-Images, available at https://pixabay.com/en/screen-projector-projection-tripod-37075 under a Creative Commons Attribution CC0; mountain by sakhshar, available at https://pixabay.com/en/nature-panoramic-mountain-travel-3076910 under a Creative Commons Attribution CC0. Full terms at https://creativecommons.org/publicdomain/zero/1.0; graph by Jared Cooney Horvath, 2018.

p. 049, pop-out effect diagram by Jared Cooney Horvath, 2018.

中场休息 1

p. 054, 1952 headless man adult education poster by unknown, available at http://www.publicdomainpictures.net/view-image.php?image=157286&picture=adult-education-vintage-poster under a Public Domain Attribution. Full terms at https://creativecommons.org/publicdomain/zero/1.0.

第三章

p. 060, brain erase by Lightspring, used under licence from Shutterstock.com, 2018; HM brain slice by Henry Gray, adapted by Jared Cooney Horvath, available at https://commons.wikimedia.org/wiki/File:Gray748.png under a Public Domain Attribution. Full terms at https://creativecommons.org/publicdomain/zero/1.0.

p. 061, HM brain slice by Henry Gray, adapted by Jared Cooney Horvath, available at https://commons.wikimedia.org/wiki/File:Gray748.png under a Public Domain Attribution; Electrocardiogram by ElisaRiva, adapted by Jared Cooney Horvath, available at https://pixabay.com/en/electrocardiogram-heart-care-1922703/ under a Creative Commons Attribution CC0. Full terms at https://creativecommons.org/publicdomain/zero/1.0; newspaper design by Jared Cooney Horvath, 2018.

p. 062, man with hippocampus by Umberto NURS, adapted by Jared Cooney Horvath, available at https://commons.wikimedia.org/wiki/File:Hippolobes_it.gif under a Public Domain Attribution; hippocampus proper by Professor Laslo Seress, adapted by Jared Cooney Horvath, available at https://commons.wikimedia.org/wiki/File:Hippocampus_and_seahorse_cropped.JPG under a Creative Commons Attribution 1.0; neurons by Internet Archive Book Images, adapted by Jared Cooney Horvath, available at https://commons.wikimedia.org/wiki/File:A_text-book_of_physiology_for_medical_students_and_physicians_(1911)_(14592099789).jpg under a Public Domain Attribution. Full terms at https://creativecommons.org/publicdomain/zero/1.0.

p. 063, GPS device by Clker-Free-Vector-Images, adapted by Jared Cooney Horvath, available at https://pixabay.com/en/gps-navigation-garmin-device-304842 under a Creative Commons Attribution CC0; head with map by OpenClipart-Vectors, adapted by Jared Cooney Horvath, available at https://pixabay.com/en/brain-chart-diagram-face-fringe-2029363 under a Creative Commons Attribution CC0; maze by Royalty Free HD Wallpapers, adapted by Jared Cooney Horvath, available at http://thewallpaper.co/download-mobile-dark-backgroundspattern-samsung-colourful-maze-display under a Creative Commons Attribution CC0. Full terms at https://creativecommons.

org/publicdomain/zero/1.0; man sitting by Jared Cooney Horvath, 2018; comic book design by Jared Cooney Horvath, 2018.

p. 064, 1980s magazine cover model by izusek, used under licence from iStock. com, 2018.

p. 065, Male model by RoyalAnwar available at https://pixabay.com/en/model-businessman-corporate-2911330/ under a Creative Commons Attribution CC0 Full terms at https://creativecommons.org/publicdomain/zero/1.0; magazine design by Jared Cooney Horvath, 2018.

pp. 066–067, fossil by Daderot, adapted by Jared Cooney Horvath, available at https://commons.wikimedia.org/wiki/File:Heterodontosaurus_tucki_cast_-_University_of_California_Museum_of_Paleontology_-_Berkeley,_CA_-_DSC04696.JPG under a Public Domain Attribution. Full terms at https://creativecommons.org/publicdomain/zero/1.0.

pp. 068–069, L and T grids by Jared Cooney Horvath, 2018.

p. 073, projection screen by Clker-Free-Vector-Images, available at https://pixabay.com/en/screen-projector-projection-tripod-37075 under a Creative Commons Attribution CC0; drawing of pig by OpenClipart-Vectors, available at https://pixabay.com/p-576570/?no_redirect under a Creative Commons Attribution CC0. Full terms at https://creativecommons.org/publicdomain/zero/1.0.

p. 073, projection screen by Clker-Free-Vector-Images, available at https://pixabay.com/en/screen-projector-projection-tripod-37075 under a Creative Commons Attribution CC0; drawing of pig by OpenClipart-Vectors, available at https://pixabay.com/p-576570/?no_redirect under a Creative Commons Attribution CC0; drawing of duck by Clker-Free-Vector-Images, available at https://commons.wikimedia.org/wiki/File:Yellow_duckling. png under a Creative Commons Attribution CC0; drawing of rabbit by PDP, available at http://www.publicdomainpictures.net/view-image. php?image=154464&picture=rabbit-cute-clipart under a Public Domain Attribution. Full terms at https://creativecommons.org/publicdomain/zero/1.0; scared cat by Sparkle Motion, available at https://www.flickr.com/photos/54125007@N08/15634745431 under a Creative Commons Attribution 2.0. Full terms at https://creativecommons.org/licenses/by/2.0/.

p. 078, 180-degree rule by Grm wnr, adapted by Jared Cooney Horvath, available at https://commons.wikimedia.org/wiki/File:180_degree_rule.svg under a Creative Commons Attribution 3.0. Full terms at https://creativecommons.org/licenses/by/3.0.

第四章

p. 086, man with hippocampus by Umberto NURS, adapted by Jared Cooney Horvath, available at https://commons.wikimedia.org/wiki/File:Hippolobes_it.gif under a Public Domain Attribution. Full terms at https://creativecommons.org/publicdomain/zero/1.0.

p. 086, shutterstock_288982655

p. 088, scuba diver illustrations by Sarah Johnston, 2018.

p. 090, drunk man illustrations by Sarah Johnston, 2018.

p. 095, episodic/semantic memories: part I by Jared Cooney Horvath, 2018.

p. 095, chalkboard episodic/semantic memories: part II by Jared Cooney Horvath, 2018.

p. 103, Statue of Liberty image by Ronile, adapted by Jared Cooney Horvath, available at https://pixabay.com/en/statue-of-liberty-new-york-ny-nyc-267948/ under a Creative Commons Attribution CC0. Full terms at https://creativecommons.org/publicdomain/zero/1.0.

中场休息 2

p. 108, 1952 headless man adult education poster by unknown, available at http://www.publicdomainpictures.net/view-image.php?image=157286&picture=adult-education-vintage-poster under a Public Domain Attribution. Full terms at https://creativecommons.org/publicdomain/zero/1.0.

第五章

p. 116, Lat PFC brain illustration by Sarah Johnston, 2018.

p. 116, Nintendo game cartridge by Evan-Amos, adapted by Jared Cooney Horvath, available at https://commons.wikimedia.org/wiki/File:NES-Cartridge.jpg under a Creative Commons Attribution CC0; robot by thehorriblejoke, available at https://pixabay.com/en/video-game-8-bit-old-school-retro-175621 under a Creative Commons Attribution CC0; Nintendo game console by Evan-Amos available at https://commons.wikimedia.org/wiki/File:NES-Console-Set.jpg under a Creative Commons Attribution CC0; television clipart by Clker-Free-Vector-Images, adapted by Jared Cooney Horvath, available at https://pixabay.com/p-308962/?no_redirecthttps://pixabay.com/p-308962/?no_redirect under a Creative Commons Attribution CC0. Full terms at https://creativecommons.org/publicdomain/zero/1.0.

p. 120, brain illustrations by Sarah Johnston, 2018; shutterstock_126644501

p. 120, man with hippocampus and striatum by Umberto NURS, adapted by Jared Cooney Horvath, available at https://commons.wikimedia.org/wiki/

File:Hippolobes_it.gif under a Public Domain Attribution. Full terms at https://creativecommons.org/publicdomain/zero/1.0.

p. 132, teacher sitting on desk by Duettographics, adapted by Jared Cooney Horvath, used under licence from Shutterstock.com, 2018.

第六章

p. 138, brain illustration by Sarah Johnston, 2018; bartender by RetroClipArt, used under licence from Shutterstock.com, 2018; serving tray with drinks by RetroClipArt, used under licence from Shutterstock.com, 2018; waitress by Clker-Free-Vector-Images available at https://pixabay.com/en/server-servant-table-lady-293966/ under a Creative Commons Attribution CC0. Full terms at https://creativecommons.org/publicdomain/zero/1.0.

p. 140, chunking letters image by Jared Cooney Horvath, 2018.

p. 142, waiter's hand with serving tray by Jared Cooney Horvath, 2018; beer glass by Own work, adapted by Jared Cooney Horvath, available at https://commons.wikimedia.org/wiki/File:Pint_Glass_(Mixing).svg under a Creative Commons Attribution CC0; beer pitcher by Own work, available at https://commons.wikimedia.org/wiki/File:Pitcher_(Beer).svg under a Creative Commons Attribution CC0. Full terms at https://creativecommons.org/publicdomain/zero/1.0.

p. 142, shoelace tying chunk diagram by Jared Cooney Horvath, 2018.

p. 145, interleaving diagram by Jared Cooney Horvath, 2018.

p. 154, shutterstock_721226998

中场休息 3

p. 158, 1959 headless man adult education poster by unknown, available at http://www.publicdomainpictures.net/view-image.php?image=157289&picture=adult-education-vintage-poster under a Public Domain Attribution. Full terms at https://creativecommons.org/publicdomain/zero/1.0.

第七章

p. 164, Paris in the spring triangle by Jared Cooney Horvath, 2018.

p. 166, anterior cingulate cortex diagram by Sarah Johnston, 2018; error alarm illustration by Jared Cooney Horvath, 2018.

p. 166, error alarm illustration by Jared Cooney Horvath, 2018; theta brain wave by Hugo Gamboa available at https://commons.wikimedia.org/wiki/File:Eeg_theta.svg under a Creative Commons Attribution 3.0; beta brain wave by Hugo Gamboa available at https://commons.wikimedia.org/wiki/File:Eeg_

beta.svg under a Creative Commons Attribution 3.0. Full terms at https://
creativecommons.org/licenses/by/3.0; silhouette head by PDP, adapted by
Jared Cooney Horvath, available at http://www.publicdomainpictures.net/view-
image.php?image=74363 under a Public Domain Attribution. Full terms at
https://creativecommons.org/publicdomain/zero/1.0.

p. 172, black blobs by werner22brigitte, adapted by Jared Cooney Horvath,
available at https://pixabay.com/en/frog-jungle-amphibian-animal-266885/
under a Creative Commons Attribution CC0. Full terms at https://
creativecommons.org/publicdomain/zero/1.0.

p. 174, frog on a log by werner22brigitte available at https://pixabay.com/en/frog-
jungle-amphibian-animal-266885/ under a Creative Commons Attribution CC0.
Full terms at https://creativecommons.org/publicdomain/zero/1.0.

pp. 181–182, speed limit signs by Jared Cooney Horvath, 2018.

p. 184, woman with wine by Adam Blasberg from the Stockbyte Collection, used
under licence from Getty Images, 2018.

第八章

p. 192, silhouette man's head by PDP, adapted by Jared Cooney Horvath, available
at http://www.publicdomainpictures.net/view-image.php?image=74363 under
a Public Domain Attribution; globe clipart by GDJ, available at https://pixabay.
com/en/world-earth-planet-globe-map-1301744/ under a Creative Commons
Attribution CC0. Full terms at https://creativecommons.org/publicdomain/
zero/1.0.

p. 195, sketch of a duck by Clker-Free-Vector-Images, available at https://
commons.wikimedia.org/wiki/File:Yellow_duckling.png under a Creative
Commons Attribution CC0. Full terms at https://creativecommons.org/
publicdomain/zero/1.0.

p. 198, brain by Sarah Johnston, 2018; conductor by HikingArtist.com, available
at http://www.publicdomainpictures.net/view-image.php?image=2698& under
a Public Domain Attribution. Full terms at https://creativecommons.org/
publicdomain/zero/1.0.

p. 200, brain by Sarah Johnston, 2018; conductor by HikingArtist.com, available
at http://www.publicdomainpictures.net/view-image.php?image=2698& under
a Public Domain Attribution. Full terms at https://creativecommons.org/
publicdomain/zero/1.0.

p. 200, four women by SensorSpot, used under licence from iStock.com, 2018.

p. 202, association network diagram by Jared Cooney Horvath, 2018

p. 209, notecards by Jared Cooney Horvath, 2018.

p. 214, doorway by qimono, adapted by Jared Cooney Horvath, available at https://pixabay.com/ en/door-bad-luck-13-thirteen-unlucky-1587023/ under a Creative Commons Attribution CC0. Full terms at https://creativecommons. org/publicdomain/zero/1.0; man in front of doorway by Jared Cooney Horvath, 2018.

中场休息 4

p. 216, 1952 headless man adult education poster by unknown, available at http://www.publicdomainpictures.net/view-image.php?image=157286&picture= adult-education-vintage-poster under a Public Domain Attribution. Full terms at https://creativecommons.org/publicdomain/zero/1.0.

第九章

p. 221, towel by Program Executive Office Soldier, adapted by Jared Cooney Horvath, available at https://www.flickr.com/photos/peosoldier/4997103062 under a Creative Commons Attribution 2.0. Full terms at https:// creativecommons.org/licenses/by/2.0; shampoo bottle by bijutoha, available at https://pixabay.com/en/shampoo-shampoo-bottle-1860642/ under a Creative Commons Attribution CC0; blueberries by Clker-Free-Vector-Images, available at https://pixabay.com/en/blueberries-leave-ripe-forest-306718/ under a Creative Commons Attribution CC0; apple by Clker-Free-Vector-Images, available at https://pixabay.com/en/green-apple-fruit-tree-smith-304673/ under a Creative Commons Attribution CC0; strawberry by GDJ, available at https:// www.goodfreephotos.com/vector-images/shiny-strawberry-vector-graphic. png.php under a Public Domain Attribution; showerhead by kboyd, available at https://pixabay.com/p-653671/?no_redirect under a Creative Commons Attribution CC0. Full terms at https://creativecommons.org/publicdomain/ zero/1.0; all images adapted by Jared Cooney Horvath.

p. 226, newspaper headlines by Jared Cooney Horvath, 2018.

p. 226, shutterstock_320661278

p. 235, male and female brains by Jared Cooney Horvath, 2018.

第十章

p. 245, golfer with shovel by OpenClipart-Vectors, adapted by Jared Cooney Horvath, available at https://pixabay.com/p-2028116/?no_redirect under a Creative Commons Attribution CC0. Full terms at https://creativecommons.org/ publicdomain/zero/1.0; association network diagram by Jared Cooney Horvath, 2018.

p. 251, kid with aviator cap by Sunny studio, used under licence from Shutterstock. com, 2018.

p. 253, storyteller and audience synchrony by Christophe Vorlet, used under licence from the artist, 2018.

p. 257, physical thrust diagram by Jared Cooney Horvath, 2018.

p. 257, psychological thrust diagram by Jared Cooney Horvath, 2018.

p. 263, puzzle pieces by HomeStudio, used under licence from Shutterstock.com, 2018.

中场休息 5

p. 266, 1952 headless man adult education poster by unknown, available at http:// www.publicdomainpictures.net/view-image.php?image=157286&picture= adult-education-vintage-poster under a Public Domain Attribution. Full terms at https://creativecommons.org/publicdomain/zero/1.0.

第十一章

p. 271, inverted-U diagram by Jared Cooney Horvath, 2018.

p. 273, happy baby by vborodinova, available at https://pixabay.com/en/babe-smile-newborn-small-child-2972222/ under a Creative Commons Attribution CC0; scared baby by Mcimage, used under licence from Shutterstock.com, 2018; angry baby by Sarah Noda, used under licence from Shutterstock. com, 2018; surprised baby by freestocks-photos, available at https://pixabay. com/en/people-baby-blanket-boy-child-2942977/ under a Creative Commons Attribution CC0; sad baby by TaniaVdB, available at https://pixabay.com/en/ baby-tears-small-child-sad-cry-443390/ under a Creative Commons Attribution CC0. Full terms at https://creativecommons.org/publicdomain/zero/1.0; disgusted baby by 2xSamara.com, used under licence from Shutterstock.com, 2018.

p. 276, cast of characters by Jared Cooney Horvath, 2018.

p. 277, act I by Jared Cooney Horvath, 2018.

p. 280, act II by Jared Cooney Horvath, 2018.

p. 282, act III by Jared Cooney Horvath, 2018.

p. 287, skydivers by Woody Hibbard available at https://www.flickr.com/photos/ 65214961@N00/12798461515 under a Creative Commons Attribution 2.0. Full terms at https://creativecommons.org/licenses/by/2.0.

第十二章

p. 298, forgetting curve diagram by Jared Cooney Horvath, 2018.

p. 298, distributed practice diagram by Jared Cooney Horvath, 2018.

p. 303, shutterstock_142164154

p. 309, shutterstock_167358809

后　记

p. 316, *Sketch of a Horse in One Continuous Line* by Pablo Picasso, © Succession Picasso/licenced by Viscopy, 2018; *Sketch of a Pink Unicorn* by Athena Drysdale, used with artist permission, 2018.

图书在版编目（ＣＩＰ）数据

大脑喜欢听你这样说 /（澳）杰瑞德·库尼·霍瓦斯
(Jared Cooney Horvath) 著；袁婧译 . -- 北京：中国
友谊出版公司 , 2023.1（2024.2 重印）

ISBN 978-7-5057-5523-9

Ⅰ . ①大… Ⅱ . ①杰… ②袁… Ⅲ . ①认知科学
Ⅳ . ① B842.1

中国版本图书馆 CIP 数据核字 (2022) 第 110275 号

著作权合同登记号　图字：01-2022-6496

STOP TALKING, START INFLUENCING: 12 INSIGHTS FROM BRAIN SCIENCE
TO MAKE YOUR MASSAGE STICK
By JARED COONEY HORVATH
Copyright: © Jared Cooney Horvath
This edition arranged with EXISLE PUBLISHING
through Big Apple Agency, Inc., Labuan, Malaysia.
Simplified Chinese edition copyright:
2022 Ginkgo (Beijing) Book Co., Ltd.
All rights reserved.

简体中文版权归属于银杏树下（北京）图书有限责任公司。

书名	大脑喜欢听你这样说
作者	［澳］杰瑞德·库尼·霍瓦斯
译者	袁　婧
出版	中国友谊出版公司
发行	中国友谊出版公司
经销	新华书店
印刷	天津中印联印务有限公司
规格	889 毫米 × 1194 毫米　32 开
	10.5 印张　201 千字
版次	2023 年 1 月第 1 版
印次	2024 年 2 月第 4 次印刷
书号	ISBN 978-7-5057-5523-9
定价	52.00 元
地址	北京市朝阳区西坝河南里 17 号楼
邮编	100028
电话	（010）64678009